はじめに

　私の地元・多摩の郵便印コレクションを国際展へ出品したところ、その作品集を出版していただけるとのことで、大変よろこんでいます。この本は、当初、「多摩の郵便印」というタイトルでしたが、吉田さんのアイデアで「多摩の郵便の歴史」という素敵なタイトルに変身しました。

　明治時代全般にわたって、不統一印、記番印、二重丸印、丸一印と年代順に並べたマルコフィリー作品ですが、多摩発東京行、多摩郡内、関東甲信宛のエンタイアから構成されているので、当然、リーフの書き込みは郵便史が主になってきます。

　また、明治前期は郵便の利用者も限られ、差出人・受取人が郷土の著名人であることが多いのです。郷土史の観点から、エンタイアの楽しみが生まれます。本書の各頁下に、日本語で郵便史と郷土史のポイントを簡単に追記しました。

　元となった国内展作品は4フレームでしたので、郵便史的に面白いトピックス7リーフ（#42,43,44,45,78,79,80）を追加し、5フレームに増量しました。トップページが4リーフになったのも苦肉の策で、どうかお笑いください。

　多摩地域は、最近ようやくマテリアルが潤沢に出回るようになってきたものの、まだまだローカルな対象で、収集家もほとんどいません。今後、熱心な後継者が育ってくれることを期待します。

　末筆になりましたが、今回 THAILAND 2016 に出品するにあたり、同展コミッショナー 兼 郵便史部門の見習審査員・井上和幸氏には、リーフ作りから作品搬入に至るまで、多大のご尽力を賜りました。ここに心からの感謝を申し上げます。

近 辻 喜 一

JN082308

多摩地域の郵便史

明治時代の東京・多摩地域における郵便の発展について解説する。

郵便の全体像は、「郵便局の沿革」「郵便物の逓送」「郵便物の集配」に分けると良く

理解できる。この沿革・逓送・集配は、それぞれ郵便史の点と線と面を構成している。

1. 郵便局の沿革

　明治5年7月、郵便の全国実施にともない、多摩地域でも8か所に取扱所が開設され、多摩の郵便がはじまった。この最初の府中、布田、田無、青梅、五日市、八王子、日野、原町田の各局で、不統一印と記番印が使用された。その後の郵便局の開廃・改称状況をリーフ P.2 に一覧したが、30 年頃から新しい郵便局が次々に開設され、明治末期には 19 局になった。

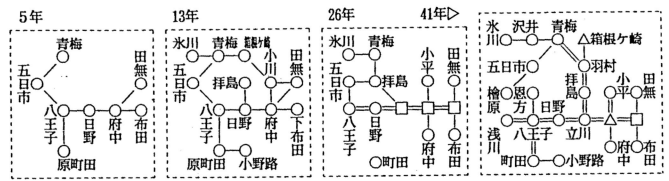

多摩地域における郵便線路網の展開を 4 段階で示す。
〇は郵便局、□は停車場、－は陸路、＝は鉄道線路。
前半には局数の増加が、後半には鉄道利用と局の倍増があった

2. 郵便物の逓送

（1）甲州街道

　　創業期の甲州道中の郵便は、一日おきに東京－甲府間を往復したが、翌6年8月から、東京と県庁所在地間の郵便はすべて毎日の往復となる。

　　明治 13 年 2 月から、東京－八王子間が馬車送りとなり、15 年 1 月に一便増えて、馬車便は上下二便となる。

（2）青梅街道

　　青梅街道の郵便は、9 年 3 月の下石神井の開局に始まり、順次西へ延びて、11 年 2 月に四ッ谷－青梅間が全通する。15 年 7 月に中野－所沢間が馬車便となり、18 年 12 月には中野－扇町屋間が直行運行となった。この馬車便は、甲武鉄道開通後もしばらくは郵便を運んだ。

（3）鉄道輸送

　　明治 22 年 4 月、甲武鉄道が内藤新宿－立川間で開業し、翌月には郵便物の汽車輸送が開始された（上下二便）。同年 8 月に立川－八王子間が開通、23 年 11 月に東京八王子線路印が使用開始。

25 年 11 月に汽車送りが上下三便に、33 年 6 月には四便（うち一便は閉嚢）に、それぞれ増便された。

川越鉄道が国分寺－久米川間で開業し、翌年 28 年 3 月に国分寺－川越間が全通した。翌月に郵便物の鉄道輸送が開始され（上下三便）、同時に線路印の使用も始まった。

明治 27 年 11 月に青梅鉄道が立川－青梅間で開業、翌月に郵便物の鉄道輸送が開始（上下三便、すべて閉嚢）。

明治 41 年 9 月に横浜鉄道が東神奈川－八王子間で開業、同時に郵便物の鉄道輸送開始（上下四便、すべて閉嚢）。

3.　　郵便物の集配

　明治 18 年の郵便物集配等級規程により、郵便局の市内配達郵便物数にもとづく市内集配等級が定められた。毎日市内十二度・市外一度の一等集配（東京本局）から、毎日市内一度・市外一度の八等集配（いわゆる KG 局）まである。翌年、三等郵便局でも KB2 を使い始め、エンタイアから各局の市内集配度数が推定できる。多摩唯一の二等局の八王子が四度集配、拝島・小川・氷川・原町田が一度集配である。さらに、等級の 3 年毎の見直しで、市内集配度数は段々に増えてゆく。丸一印データから、八王子七度〜氷川二度と知れる。

4.　　郵便物取扱数

　三多摩郡が東京府に移管された、明治 26 年の局別年間郵便物取扱数を見ると、八王子が毎日千通、府中と青梅が 2 百通、あとは軒並み百通、氷川だけが 50 通。集信個数より配達個数が多いのは地方局の一般的な傾向で、多摩地域も最大で二倍の格差がある。情報の入超状態をあらわすものだろう。

5.　　神奈川県特別郵便

　明治 14 年 7 月、神奈川県は管内に地方特別郵便を施行する。村々に箱場を設け、集配を毎日行い、県や郡役所からの公用文書を戸長役場へ郵便で送達するものである。村人も、村の箱場で切手や葉書を買い、そこに投函すればよい。

参考文献　『郵便史研究』第 17 号と『調布郵趣』第 400 号に所収の拙稿

Postal Markings of
TOKYO Tama County
1872-1909

What is TAMA County ?

Tama county, western Tokyo area along the Koshu road, one of the five important routes originating from Tokyo city, did play an important role especially in the sericultural industry. Furthermore, the opening of Kobu railway along the Koshu road promoted the fast civilization of Tama region.

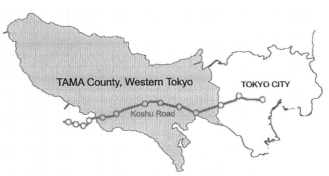

Map of TAMA County and Koshu Road

Aim of the Exhibit

Japanese Government quickly completed a nationwide postal network in 1872 (Meiji 5), next year of the introduction of postal system, and then eight Post Offices were first opened in Tama region. This exhibit shows almost all types of early postal markings used in the post offices of Tama county, from "Fancy cancellations" as the first type, to "Bisected-circle datestamps", abolished in 1909, with the exhibitors' original study for a long time. Most Postmarks are shown on cover, except for rare "Syllabic-numerical cancellations" of two Post Offices.

Plan

1. **Early Cancellations Period, 1872-1888**
   (Pages 5-45)
   1.1 **Fancy cancellations**
   Various postmarks prepared by each POs, used only a very short period.
   1.2 **Syllabic-numerical cancellations**
   Numbered killer postmarks prepared by Government, no PO name.
   1.3 **Double- circle datestamp**
   The first type of datestamp prepared by Government with various varieties.
2. **Bisected-circle Datestamp Period, 1888-1909 (Pages 46-80)**
   The first type of unified datestamp in all over the Japan prepared by Government.
   2.1 Bisected –circle date stamp
   2.2 Bisected –circle Railway Datestamp

Highlights

1. **Fancy Cancellations**
   Including 4 Post Offices (5 types) of fancy cancellations in Tama County, out of 6 Post Offices (7 types) recorded.
2. **Syllabic-numerical cancellations**
   Including all 8 types of Syllabic-numerical cancellations in Tama County; Six POs on cover and Two POs on loose stamp.
3. **Detailed original study about Postal History of Tama County**

Reference

1. Chikatsuji Kiichi (Exhibitor), "Postal Services in Tama County of Musashi Province in Meiji Era", *The Bulletin of Postal History Society of Japan,* 2004
2. "A Post Office List of Japan in Meiji Era, revised", Edited by Chikatsuji Kiichi (Exhibitor), Narumi Co., 2015

アジア国際切手展THAILAND2016作品のタイトルリーフ。多摩の地図に甲武鉄道線路、作品概要、リーフ構成、注目アイテム、参考文献。

List of Early Postmarks and its Rarity in TAMA County

Early Cancellations, 1872–1888

Sub-county	Post Office (*Renamed)	Opened/ Renamed	Fancy	Syllabic-numerical	Double-circle				
					vKG	KG	KG*	KB1	KB2
Northern Tama	Fuchu	1872.8.4	RRR○	○	RRR	○	○	×	○
	Fuda	1872.8.4	RRR○	×	×	×	×	×	×
	*Shimofuda	1873.-.-	×	RRR○	×	RR ○	×	×	×
	*Kamiishihara	1883.8.7	×	×	×	×	RR ○	×	○
	Tanashi	1872.8.4	+	+△	×	R ○	○	×	○
	Haijima	1875.5.16	+	×	×	○	○	×	×
	Nakato	1878.4.15	×	×	×	RRR○	×	Closed on 1879.11.15	
	Ogawa	1880.10.16	×	×	×	×	RR ○	×	×
Western Tama	Ome	1872.8.4	RRR○	RR ○	×	○	×	×	○
	Itsukaichi	1872.8.4	RRR	RR ○	×	○	×	×	○
	Hikawa	1877.1.3	×	×	×	RR ○	RRR	×	×
	Hakonegasaki	1879.11.16	×	×	×	×	RRR○	Closed on 1885.5.10	
Southern Tama	Hachioji	1872.8.4	R ○	○	RRR	○	○	○	○
	Hino	1872.8.4	+	RR ○	×	○	○	×	○
	Haramachida	1872.8.4	+	RRR△	×	RR ○	R ○	×	RR ○
	Onoji	1875.8.11	RRR	×	×	RR ○	×	Closed on 1885.5.10	

Bisected-circle Datestamp, 1888–1909

S-county	Post Office	Opened	Once coll.	1st coll.	2nd coll.	3rd coll.	4th coll.	5th coll.	6th coll.
Northern Tama	Fuchu	1872.8.4	×	○	○	○	○	×	×
	Kamiishihara	1883.8.7	×				○	×	×
	*Fuda	1892.6.16	×		○	○		×	×
	Tanashi	1872.8.4	×	○	○	○	○	R ○	×
	Haijima	1875.5.16	RR	○	○	○	○	×	×
	Ogawa	1880.10.16	○			○	×	×	×
	*Kodaira	1893.7.1	×	○	○	○	○	×	×
	Tachikawa	1902.1.21	×	○	○	○		×	×
Western Tama	Ome	1872.8.4	×	○	○	○	○	×	×
	Itsukaichi	1872.8.4	×		○	○	○	×	×
	Hikawa	1877.1.3	R ○		○	×	×	×	×
	Hamura	1896.11.1	×	○	○	○	○	×	×
	Hinohara	1900.3.1	×		○	○		×	×
	Sawai	1902.3.1	×	○	○	○	○	×	×
Southern Tama	Hachioji	1872.8.4	×	○	○	○	○	○	○
	Hino	1872.8.4	×	○	○	○		×	×
	Haramachida	1872.8.4	R ○			○	×	×	×
	*Machida	1890.4.1	×	○	○	○		×	×
	Onoji	1902.1.21	×		○	○		×	×
	Ongata	1902.12.16	×	○	○	○	×	×	×
	Asakawa	1908.3.21	×	○	○	○	×	×	×

Railway Cancellations, 1890–1906

Postal line	Opened/ Revised	Down 1	Down 2	Down 3	Down 4	Up 1	Up 2	Up 3
Tokyo-Hachioji	1890.11.1			×	×	○		×
	1892.11.16				×	○		○
	1900.6.1			×		○		
Kawagoe-Kokubunji	1895.4.16				×			○
Kokubunji-Kawagoe	1896.-.-				×		○	

Notes: ○ exhibited on cover, △ exhibed on loose stamp, × nonexistent, + not recorded on cover,
RRR **1-3 covers recorded**, RR **4-6 covers recorded**, R **7-12 covers recorded**.

初期郵便印（不統一印、記番印、二重丸印）と丸一印の局別リスト、丸一鉄郵印の郵便線路別リスト。エンタ残存数を、RRR 1-3、RR 4-6、R 7-12 で示す。

Postal Services in Tama

Nationwide Postal Service

The Japanese Post inaugurated a nationwide postal service in 1872, after one-year experiment along the Tokaido Road up to Kyoto and Osaka and even to far western Nagasaki. Eight post offices were then installed in Tama county, among 725 new post offices throughout the country.

The Koshu Road

Four post offices were on the Koshu Road connecting Tokyo and Kofu of Yamanashi prefecture. Mails were transferred along the road every other day in the beginning and every day after next year. A mail coach service was started on the eastern half of the road (Hachioji / Tokyo) in 1880, and the service was increased twice a day after 1882.

The Ome Avenue

Another road reaching Tokyo, called the Ome Avenue, was running through Tama county, where the mail transportation began partly in 1876, and finally on the all range in 1879. It was after 1882 that a mail coach ran on the eastern part of the avenue and also on a branch passage to Tokorozawa of Saitama Prefecture.

Official Prepaid Mail

Kanagawa Prefecture was successful to make an arrangement with the Postmaster General to introduce the official prepaid mail service in 1881. Mailboxes were then established in many villages to be cleared every day, that was most welcomed by the officials and the public as well.

Collection and Delivery of Mails

In the meantime, in most cities mails were collected and delivered several times a day. It facilitated an insertion of a time insignia into postal markings, and the postal authorities took necessary measures in 1886.

Railways

Kobu Railroads Company started transportation service between Shinjuku and Hachioji stations in 1889, and mailbags were carried on the train twice a day. A postal clerk was getting on after next year. The number of transportation increased to three times in 1892. In 1895, a branch line was opened between Kokubunji and Kawagoe of Saitama prefecture, and carried the mails three times a day. Ome and Yokohama lines were opened in 1894 and 1908 respectively, in closed mail service.

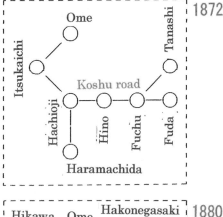

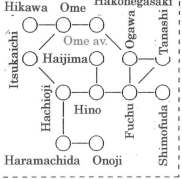

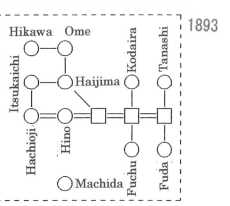

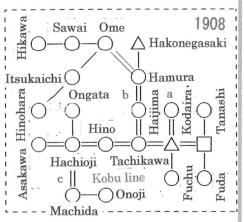

Railway : a Kawagoe, b Ome, c Yokohama

Postal Statistics of Tama in 1893

| Post office | No. of mails transacted | | Number of | No. of mailboxes | |
	Collected	Delivered	stamps office	Pillor type	Box type
Itsukaichi	33,303	65,905	17	—	17
Ome	65,037	88,934	21	2	17
Hikawa	13,503	20,852	9	—	9
Machida	37,624	62,782	12	—	12
Hachioji	382,759	472,337	40	17	24
Hino	35,581	45,911	6	—	7
Fuda	32,952	68,947	19	—	19
Fuchu	69,429	104,424	20	2	18
Tanashi	30,874	52,095	16	—	16
Kodaira	26,226	49,788	16	—	16
Haijima	37,724	77,966	13	—	13

多摩の郵便略史。郵便線路の変遷図（二重線は鉄道）と明治 26 年の郵便局統計表。明治 5 年 7 月、全国郵便実施で多摩の 8 郵便局が開設された。

Explanation of Postmarks

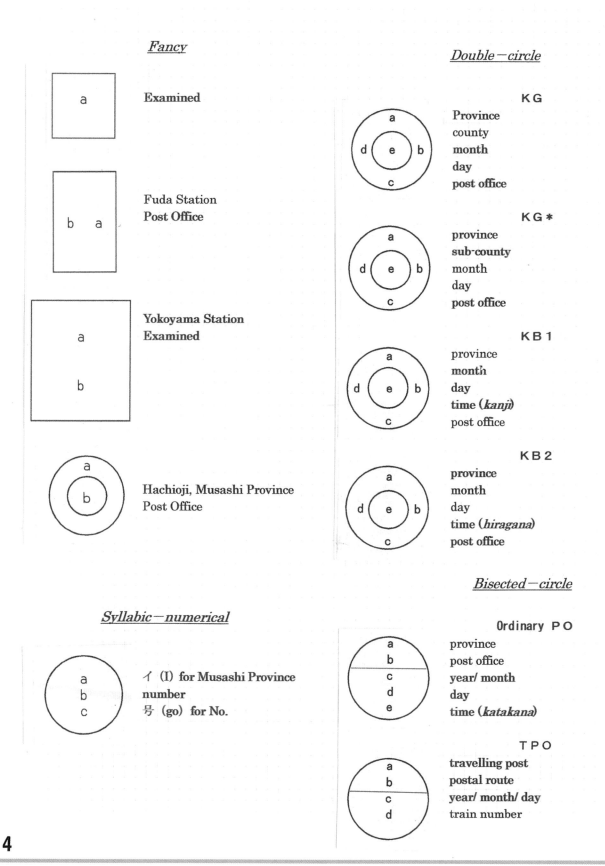

Fancy

Examined

Fuda Station
Post Office

Yokoyama Station
Examined

Hachioji, Musashi Province
Post Office

Syllabic−numerical

イ (I) for Musashi Province
number
号 (go) for No.

Double−circle

K G
Province
county
month
day
post office

K G ✳
province
sub-county
month
day
post office

K B 1
province
month
day
time (*kanji*)
post office

K B 2
province
month
day
time (*hiragana*)
post office

Bisected−circle

Ordinary P O
province
post office
year/ month
day
time (*katakana*)

T P O
travelling post
postal route
year/ month/ day
train number

郵便印ごとの構成要素の説明図。トップリーフ４頁は冗長！

1. Early Cancellations Period, 1872-1888
1.1. Fancy cancellations

Fancy Cancellation: Local postmasters prepared their own postal markings by 1876, so we can now enjoy a rich variety of the early cancellations.   The fancy cancels of four post offices in Tama remain undiscovered.

□Fuda Station Post Office

2 Sen Stamped Envelope

Only Recorded Fancy Cancellation of Fuda
(1874.4.27)

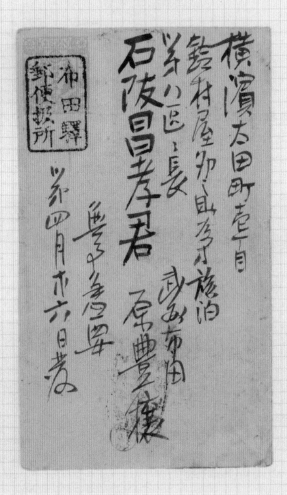

□Fuda→□Naito Shineki PO→○Tokyo 7.4.27 evening/ night→○Yokohama 7.4.27 night

Postal rates effective on 1873.4.1
　　Letter rate.........2 Sen for Inland Mail, 1 Sen for City Mail, additional 1 Sen for Rural Mail.
　　Postcard rate......1 Sen for Inland Mail, 0.5 Sen for City Mail, additional 1 Sen for Rural Mail.

現存 1 通の□布田駅郵便扱所つき黄 2 銭角形封皮。布田駅は現在の調布市。□甲州街道内藤新駅郵便役所
→○東京 7.4.27 夕／夜→○横浜 7.4.27 夜。

□Examined (Fuchu)

1 Sen Blue×2＋2 Sen Yellow (Postage due)
<u>Only Three Recorded Cover with this Fancy Cancellation</u>
(1874.6.28)

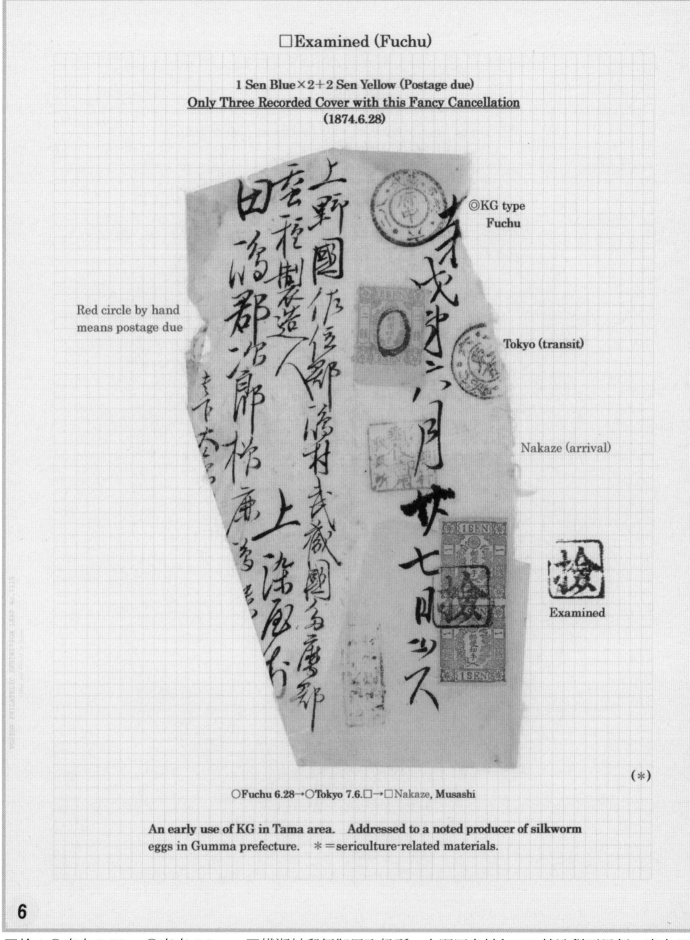

◎KG type
Fuchu

Red circle by hand
means postage due

Tokyo (transit)

Nakaze (arrival)

Examined

(∗)

○Fuchu 6.28→○Tokyo 7.6.□→□Nakaze, Musashi

An early use of KG in Tama area.　Addressed to a noted producer of silkworm
eggs in Gumma prefecture.　∗＝sericulture-related materials.

6

□検＋○府中 6.28 →○東京 7.6.-- →□横瀬村郵便御用取扱所。上野国島村あての持込税不足便。府中 KG
は初期使用例。

□Yokoyama Station Examined

+□Hachioji post office, Musashi province+□Sent on 11th day

1 Sen Blue×2

Only a Dozen Covers Recorded with This Fancy Cancellation
(1874.3.11)

□Sent on
11th day

Yokoyama Station

Examined

Post Office

Musashi Hachioji

○Hachioji 3.11→○Kofu, Kai province

Westbound mail to Kofu of Yamanashi prefecture.

□横山駅検＋□武州八王子郵便役所＋□十一日発→○甲府（なし）。抹消印は大型検査済印を切断したもの
か。横山駅は現在の八王子市横山町。

◎Hachioji, Musashi Post Office

1 Sen Folded Postcard
<u>Later use of Fancy cancellation</u>
(1874.11.20)

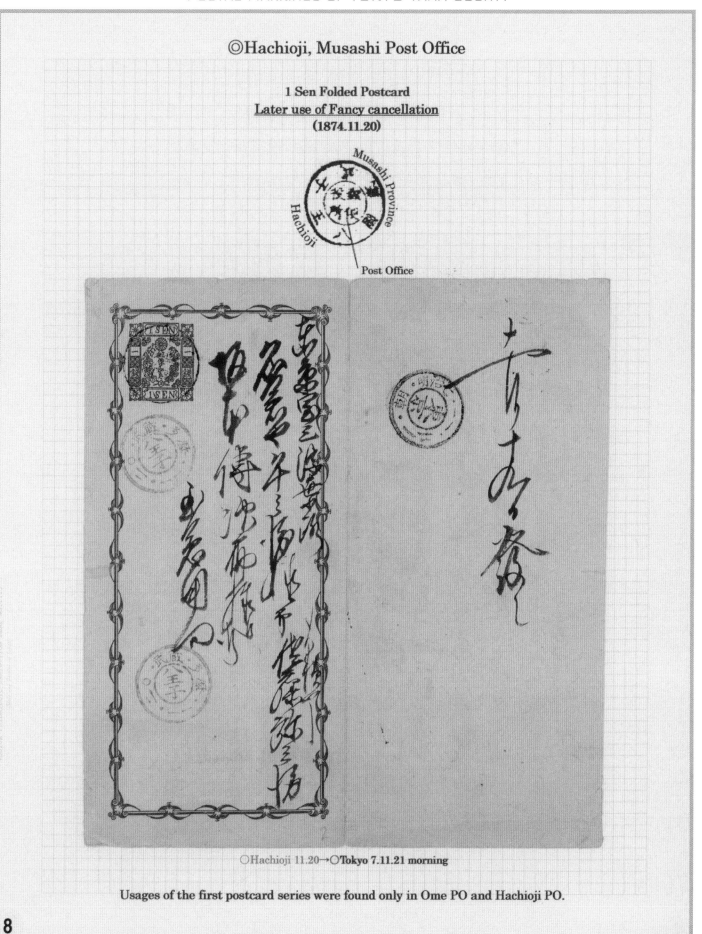

◎Hachioji 11.20 →○Tokyo 7.11.21 morning

Usages of the first postcard series were found only in Ome PO and Hachioji PO.

○武蔵国八王子郵便役所＋○八王子 11.20 →○東京 7.11.21 朝。府中でも、この抹消印と同じタイプを使用した。脇なし二折はがきは八王子のみ確認。

△*Seki Setsu* Examined

+☐Ome Station, Musashi province

1 Sen Folded Postcard with Red Border

<u>Only Recorded Usage of the First postcard in Tama county</u>
(1874.7.27)

Seki Setsu Examined
(Fancy cancel. of Ome)

Postal Examined Marking

Musashi Ome Station

©KG Hachioji

○**Ome**→○Hachioji 7.29→○**Tokyo 7.7.30 morning**

<u>Only Two Recorded Cover / Postcard of this Fancy Cancellation</u>
(Ex Esaki)

多摩で唯一の紅枠はがきの持込み使用例。△尺雪校＋☐武州青梅駅郵便検査印→○八王子 7.29 →○東京
7.7.30 朝。この青色抹消印は現存 2 通。

1.2. Syllabic Numerical Cancellations (SNC)

Syllabic Numerical Cancellation: Postal Services Department supplied a solid cancelling device to every PO in December 1874. It consists of *katakana* syllabics representing the province and the post office number.

"イ (i)" means Musashi Province

一〇〇＝100

"号 (Go)" means Number

SNC Nos. 98, 100-105, 108 were used in Tama County.

イ－100 (Haramachida)

Only circa Ten Copies Recorded on Loose Stamp

2 Sen Yellow

Only one on cover is recorded

イ－101 (Tanashi)

Only Five Copies Recorded on Loose Stamp

2 Sen Red	1 Sen Brown	1 Sen Black

No usage on cover is discovered yet.

記番印を単片で解説。イ一〇〇号は原町田、イ一〇一号は田無。原町田カバーは１通のみ、田無カバーは未見（単片が５点）。

I－98 (Fuchu)

1 Sen Small Postcard

Usage of SNC I-98 on 1 Sen Small Postcard of 2nd Series
(1877.5.9)

"イ(i)" means Musashi Province
九八＝98
"号(Go)" means Number

©KG
Fuchu

○Fuchu 5.9 → ○Tokyo 10.5.9 7th

Usages of the second postcard series were found in
Fuchu PO, Fuda PO and Hachioji PO in Tama area.

府中の記番印。イ九八号＋○府中 5.9 →○東京 10.5.9 と。丸菊はがきは、ほかに八王子と下布田で使用。

I – 1 0 2 (Hino)

2 Sen Yellow

Only Several Recorded Covers of SNC I-102
(1876.6.4)

◎KG
Hino

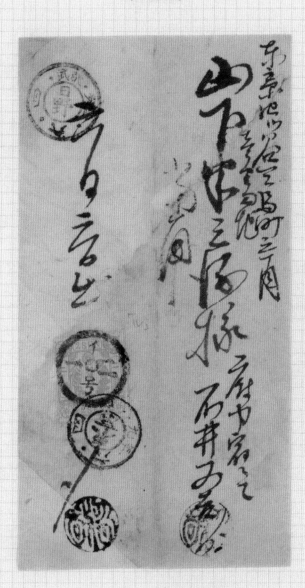

○Hino 6.4→○Tokyo 9.6.4 10th

Mails carried on the Koshu road reached at Tokyo PO at night every day.

日野の記番印。イー〇二号＋〇日野 6.4 →〇東京 9.6.4 ぬ。

I－103 (Hachioji)

1 Sen Blue×2

Early use of SNC in Tama County
(1874.12.17)

SNC I-103

SNC I-103

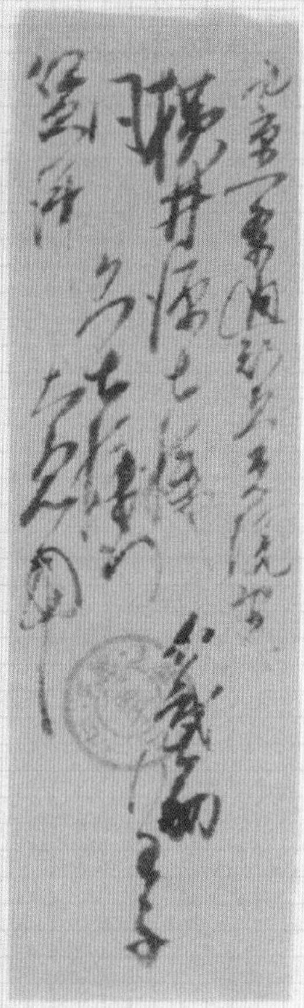

©KG Hachioji

(80% Reduced)

○Hachioji 12.17→○Tokyo 7.12.18 morning →○Saikyo 7.12.21 afternoon

This Cover was transported along the full Tokaido road from Tokyo to Kyoto.

13

八王子の記番印。イー〇三号＋〇八王子 12.17 →〇東京 7.12.18 朝。記番印配給月の使用例。

Ｉ－１０４ (Itsukaichi)

2 Sen Yellow

<u>Only Several Recorded Covers of SNC I-104</u>
<u>by Railway transport</u>
(1875.8.20)

SNC I-104

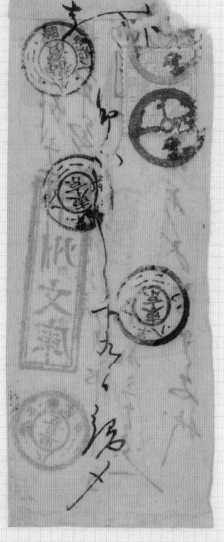

©KG
Hachioji

(80% Reduced)

○Itsukaichi 8.20→○Hachioji 8.21→○Tokyo 8.8.21 10th / 8.8.22 1st →○Yokohama 8.8.22 morning

This Cover was transported from Tokyo to Yokohama by railway.   Ex Koshu Library.

14

五日市の記番印。イー○四号＋○五日市 8.20 →○八王子 8.21 →○東京 8.8.21 ぬ／ 8.8.22 い。

I−105 (Ome)

+□13th Ward Mail+○Ome, West of the Musashino Plains and North of the Tama River

1 Sen Blue×2

Early use of SNC in Tama County
(1874.12.14)

□13th
Ward Mail

SNC I-105

©KG Hachioji

North of the TAMA River / West of Musashino Plains / Ome
Fancy Marking
of Ome

○Ome→○Hachioji 12.16→○Kanagawa 12.16→○Yokohama 12.16 afternoon

The letter written by the postmaster of Ome run on the silk road to Yokohama.

青梅の記番印。イー〇五号＋□第十三大区郵便＋〇青梅＋〇武野之西・玉川之北・青梅→〇八王子 12.16 →〇神奈川 12.16 →〇横浜 12.16 午後。

I-108 (Shimofuda)

1 Sen Small Postcard

Only Two Recorded Cover / Postcard
of SNC I-108
(1876.10.7)

SNC I-108

©KG
Shimofuda

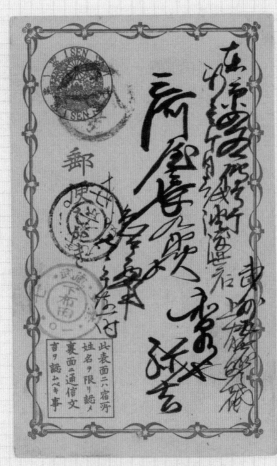

○Shimofuda 10.7 → ○Tokyo 9.10.7 10th

Mails carried on the Koshu road reached at Tokyo PO at night every day.

下布田の記番印。イー○八号＋○下布田 10.7 →○東京 9.10.7 ぬ。ほかにカバー 1 通が確認されている。

Topics

Tokorozawa to Tokyo Mail

Most of Tokorozawa mails to Tokyo were sent via Owada, and the balance went via Fuchu and Tanashi.

via Fuchu	via Tanashi
1 Sen Small Postcard (1877.7.3)	1 Sen Small Postcard (1876.7.26)

○Tokorozawa 7.2→○Fuchu 7.3→○Tokyo 10.7.3 7th ○Tokorozawa 7.26→○Tanashi 7.26→○Tokyo 9.7.26 10th

A Fuchu mailman picked up mails at Tokorozawa on his return from Owada, Niikura county.

This postcard was endorsed "Tanashi" in the lower left corner by a Tokorozawa PO clerk.

トピックス:所沢発東京行き郵便。所沢の取集め時刻によって、府中経由か田無経由になる。明治9年5月、青梅街道の田無と四ッ谷がつながった。

1.3 Double-circle datestamp

Double-circle datestamp : A standard type of datestamp with province and county names was distributed to every local PO after May 1874 (KG), and new sub-county names began to appear after 1878 (KG＊).

KG   Fuchu, (Northern) Tama, Musashi   KG＊

2 Sen Violet   1 Sen Postcard
(1882.2.1)   (1885.6.25)

 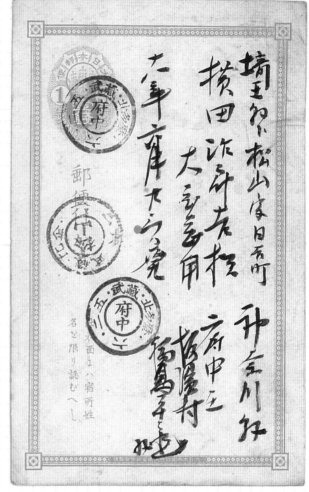

○Fuchu 6.25→○Matsuyama 6.25

(＊)

○Fuchu 2.1→○Tokyo→○Shimamura

Fuchu PO used the large month and day types for a while.

Addressed to a northward village in Hiki county, Musashi.

KG 印の先頭リーフ。KG 印は明治 7 年 5 月頃と明治 8 年に支給。郡区町村編制法施行後の支給分は、新郡名の KG ＊印。府中の KG と KG ＊。

KG   Shimofuda, Tama, Musashi

2 Sen Violet
(1883.7.5)

○Shimofuda 7.5→○Tokyo→○Shimamura

(∗)

A later use of Shimofuda KG.   The postmaster had not requested the renewal of the datestamp.

Postal rates effective of 1883.1.1
        Letter rate.........2 Sen for Inland Mail
        Postcard rate......1 Sen for Inland Mail

19

下布田 KG の最後期使用例。明治 16 年 7 月の田島コレスポンデンス。

KG＊   Kamiishihara, Northern Tama, Musashi

2 Sen Red
(Years unidentified)

（＊）

○Kamiishihara 8.8→○Tanashi 8.10

The addressee Akimoto managed a branch office of the Inland Transport Co. in front of Sakai station.
The Akimoto correspondence is hereafter noted by ＊.

上石原の KG ＊。明治 16 年 8 月、局長の交代による局名の移転改称。秋本コレスポンデンス。

KG   Tanashi, (Northern) Tama, Musashi   KG*

2 Sen Violet
(1883.3.14)

○Tanashi 3.14→○Tokyo→○Tsuchiura, Hitachi 3.16

Mail coach: Yotsuya—Tokorozawa from 1882.

2 Sen Red
(1884.8.17)

○Tanashi 8.17→○Tokyo 17.8.17 10th

Mail coach: Nakano—Tokorozawa from 1884.

田無の KG と KG ＊。どちらも青梅街道の馬車便。受取人は田無村元名主、差出人は所沢の実父。

KG   Haijima, (Northern) Tama, Musashi   KG *

2 Sen Red×4 (Registered)
(Years unidentified)

○Haijima 7.3→○Ueda, Shinano

1 Sen Postcard
(Years unidentified)

○Haijima 9.23→○Hachioji 9.24 1st

(*)

嶋 (*shima*) variety in the PO name.   島 (*shima*) variety in the PO name.

拝島の KG と KG ＊。局名表記が「嶋」から「島」に変わる。書留カバーは小田中コレスポンデンス。

KG   Nakato, Tama, Musashi

2 Sen Stamped Envelope (Money Letter)

<u>Only Two Recorded Cover</u>
(Years unidentified)

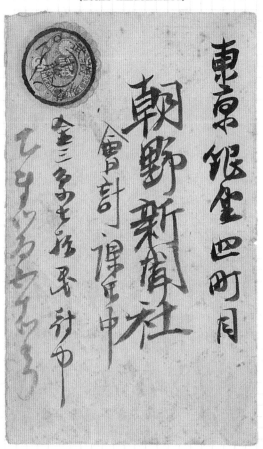

○Nakato 8.10

The sender of this envelope, with the newspaper subscription fee inside, paid the transport fee in cash at Nakato PO.   The cover was transported by the Inland Transport Co., without receiving further postmarks.

現存1通の中藤KGカバー。小判角形封皮で朝野新聞社へ誌代を送金した金子入り書状。中藤は現在の西多摩郡瑞穂町。

KG＊   Ogawa, Northern Tama, Musashi

2 Sen Violet
(1881.9.26)

○Ogawa 9.26→○Tokyo 14.9.28 1st→○Senju

Addressed to the postmaster of Takenozuka, a non-delivery PO in Southern Adachi county of Musashi prov.

小川の KG ＊。受取人は竹塚の局長で、竹塚と舎人は無集配局。千住が集配する。砂川の農家から牛蒡種の売り込み。

KG   Ome, Tama, Musashi

2 Sen Olive＋1 Sen Black (Rulal fee)
(1878.8.30)

○Ome 8.30→○Tokyo→○Okamoto, Omi

A distant cover along the Tokaido road carried by various transportations, namely carrier, rickshaw, mail coach, train and steamboat!

25

青梅の KG。明治 11 年、東海道を土山まで、汽車、馬車、人力車、汽船、脚夫を乗り継ぎ、10 日後に近江国中山村へ到着した。

Itsukaichi, Tama, Musashi

5 Rin Postcard + 5 Rin Slate
(1883.5.27)

○Itsukaichi 5.27

<u>Provisional 1 Sen Postcards</u>: The Postal Law of 1883 abolished the city mail discount, thence the obsolete 5 Rin PC with a 5 Rin stamp pasted on the lower right corner were sold nationwide after April 1883.

五日市の KG。明治 16 年 4 月から、小判 5 厘葉書に 5 厘切手を加貼した、暫定 1 銭葉書が全国の窓口で販売された。

KG　　　　　　　　Hikawa, Tama, Musashi

1 Sen Postcard
(1880.1.25)

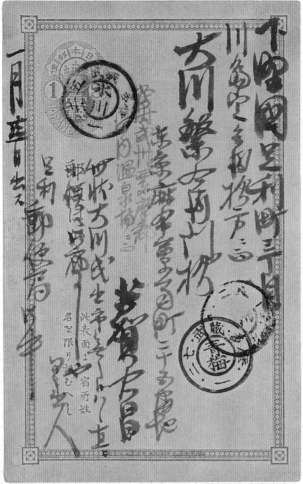

○Hikawa 1.25→○Ome 1.27→○Tokyo→○Ashikaga, Shimotsuke 1.28

Hikawa PO was opened in 1877, and mail was transferred to Ome every other day until mid 1880.
This postcard was sent by a visitor to Ogochi hot springs.

氷川の KG。差出人は河内温泉の湯治客。明治 13 年まで、氷川－青梅間は隔日逓送。

KG＊   Hakonegasaki, Western Tama, Musashi

2 Sen Red

<u>Less than Five Covers may survive.</u>
(1883.9.7)

(＊)

○Hakonegasaki 9.7→○Tokyo→○Shimamura

Hakonegasaki PO was opened in 1879 after moving from Nakato, and became a non-delivery PO in 1882.

箱根ヶ崎のKG＊。明治12年の局長交代で中藤から移転改称、明治15年に集信局となる。差出人は羽村の有力養蚕農家。

Hachioji, (Southern) Tama, Musashi

1 Sen Small Postcard
(1876.5.21)

2 Sen Violet
(1883.1.31)

(∗)

○Hachioji 5.21→○Tokyo 9.5.21 10th

○Hachioji 1.31→○Tokyo→○Shimamura

An early use of KG cancel in Tama.

Carried by a mail coach on the Koshu road.

29

八王子の KG と KG ＊。はがきは KG 抹消の初期使用例。カバーは東京まで甲州街道を馬車便（毎日２往復）で運ばれた。

1 Sen Postcard
(Years unidentified)

2 Sen Red×2 (Double weight)
(Years unidentified)

〇Hino 7.4→〇Ueda, Shinano 7.8　　（＊）

〇Hino 5.28→〇Minano 5.30

Addressed to a silkworm egg producer in Nagano prefecture.

Addressed to a northward village in Chichibu county, Musashi.

日野の KG と KG ＊。カバーの差出人は蓮光寺村元名主で、明治天皇が行幸で何度も立ち寄った旧家。

KG   Haramachida, (Southern) Tama, Musashi   KG *

5 Rin Postcard + 5 Rin Slate
(1883.9.5)

2 Sen Red
(Years unidentified)

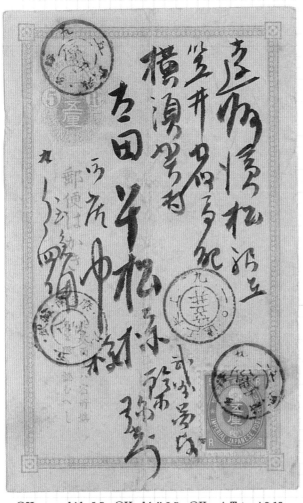

○Haramachida 9.5→○Hachioji 9.5→○Kasai, Totomi 9.10

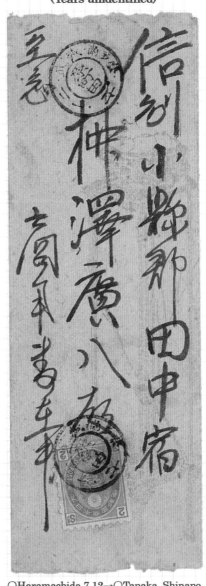

○Haramachida 7.12→○Tanaka, Shinano

The Kanagawa route had been closed in 1882.   A silk road mail to Nagano prefecture.

原町田の KG と KG ＊。明治 15 年 3 月、原町田－神奈川間の郵便線路が分断され、この葉書は八王子経由で遠州笠井へ運ばれた。小野路は無集配局に。

KG   Onoji, Tama, Musashi

1 Sen Postcard1＋1 Sen Brown (Rural fee)
(1882.2.11)

○Onoji 2.11→○Kanagaawa→○Kasai, Totomi 2.15

The same correspondents as those on the preceding page.   Onoji becomes a non-delivery PO next month.

小野路の KG。前頁の葉書と同じ差出人／受取人で、明治 15 年 2 月の使用。1 日早く笠井に着いた。

KB 1：A datestamp with a collection time in *kanji* was only used in Hachioji between 1884–1886.

KB 1

Hachioji, Musashi

1 Sen Postcard   午前 morning
(Years unidentified)

2 Sen Red   午後 afternoon
(1884.7.24)

○Hachioji 10.18 morning→○Uenohara, Kai 10.19

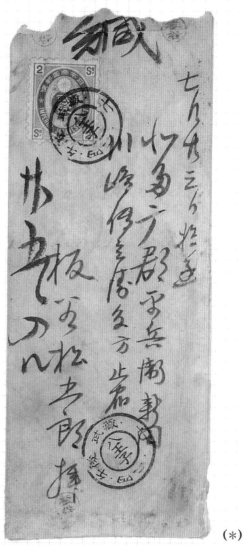

(∗)

○Hachioji 7.24 afternoon→○Tokyo→○Shimamura

A westbound PC delayed by river flood.   Sent by a local salesman of silkworm eggs.

八王子の KB1 午前と午後。二等局の八王子のみ、明治 17 ～ 19 年に KB1 を使う。

KB2: After 1886, Tama's first eight post offices, collecting mails several times a day, used a datestamp incorporating a *hiragana* syllabic showing a collect sequence.

Tanashi, Musashi

2 Sen Red
(1887.5.6)

い 1st

○Tanashi 5.6 1st→○Tokyo 20.5.6 9th

Tanashi PO also exchanged mails at Sakai station three times a day.

明治 19 年から始まる KB2 印の先頭頁。田無 KB2 い便。田無は甲武鉄道の境駅で毎日 3 回の郵便交換。

Fuchu, Musashi

1 Sen×2
(1888.8.12)

い 1st

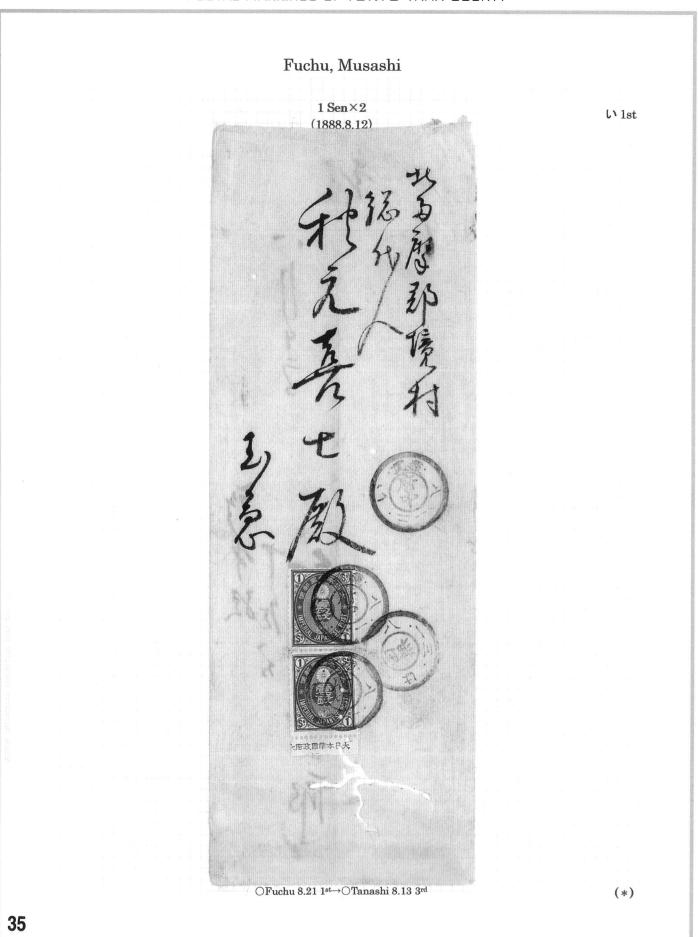

○Fuchu 8.21 1st→○Tanashi 8.13 3rd

(＊)

府中 KB2 い便。2 便グループは、府中・青梅・五日市・日野。差出人は明治 22 年に開通する甲武鉄道の用地買収を担当。

Kamiishihara, Musashi

2 Sen Red (1887.7.11) ろ 2nd

2 Sen Red (Years unidentified) は 3rd

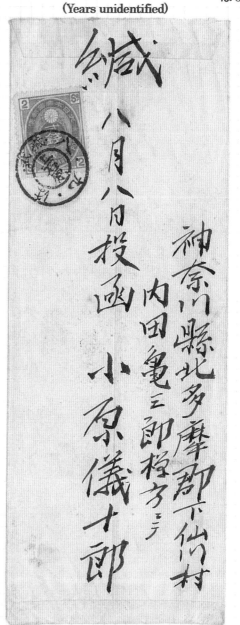

○Kamiishihara 7.11 2nd→○Ueda 7.13 1st （＊）

○Kamiishihara 8.9 3rd→○Matsushima, Shinano 8.12 1st

A letter ordering silkworm eggs.

Three times mail exchange at Sakai station.

上石原 KB2 ろ便・は便。上石原は田無と同じ3便局で、境駅で毎日3回の郵便交換を行った。

Ome, Musashi

1 Sen Return PC
(Years unidentified)

ろ 2nd

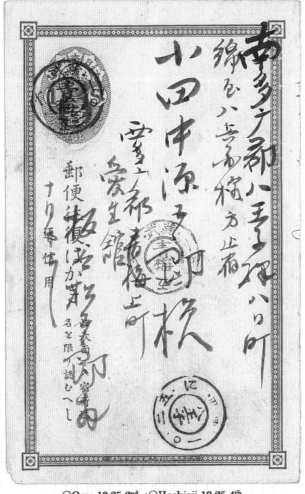

○Ome 10.25 2nd→○Hachioji 10.25 4th

(∗)

The first return postcard of 1885 with a double-circle cds is seldom seen in Tama area.

青梅 KB2 ろ便の往復はがき。青梅は明治 8 年支給の KG 印顆を KB2 に転用。八王子出張の小田中あて。

Itsukaichi, Musashi

2 Sen Red
(Years unidentified)

ろ 2nd

○Itsukaichi 6.24 2nd→○Tokyo→○Shimamura 6.26 2nd

(＊)

The sender will establish a training school for the sericultural technologies later.

五日市 KB2 ろ便。リーフ 28 と同じ差出人は、明治 23 年に「成進社」を設立し、地元で養蚕の技術指導を活発に行う。

Hachioji, Musashi

Postal Business
(Years unidentified)

に 4th

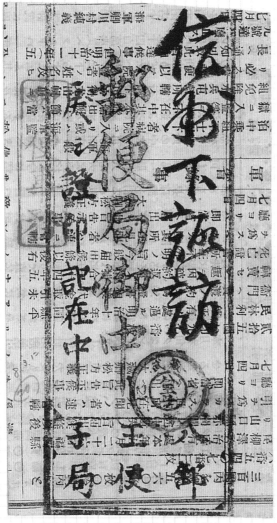

○Hachioji 8.3 4th→○Shimosuwa, Shinano

Hachioji PO only was ranked second class, and the four time collection was uppermost in Tama.
Recycled envelopes were used for postal business etc. by most PO during the depression years in mid-Meiji.

八王子 KB2 に便で八王子郵便局差出しの郵便事務カバー。八王子は唯一の 4 便局。松方デフレで、全国の郵便局が再生封筒を使用した。

Hino, Musashi

1 Sen Postcard
(1888.6.29)

ろ 2nd

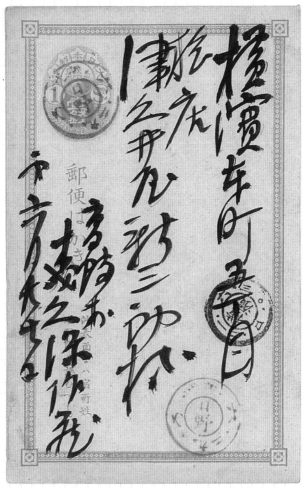

○Hino 6.29 2nd→○Yokohama 21.6.30 2nd

A silk road Mail.   The Haramachida-Kanagawa route had resumed in 1884.

日野 KB2 ろ便。明治 17 年、原町田－神奈川間に郵便線路がつながり、シルクロード路線が復活した。高幡村の差出人は三多摩壮士。

Haramachida, Musashi

1 Sen Postcard
(1888.7.11)

い 1st

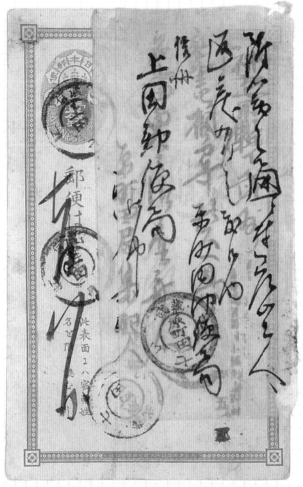

(∗)

○Ueda, 7.7 4th→○Haramachida 7.11 1st/ 7.17 1st→○Ueda 7.18 3rd

The return-to-sender slip by Haramachida PO notes a wrong address.

原町田 KB2 い便の返戻はがき。原町田は、このあと KG 印に戻る変な局。原町田 KB2 は、この一通しか見てないが、ろ便はあるのか？

Topics   The Silk Road Mail

2 Sen Stamped Envelope + 2 Sen Yellow (Removed)
(1876.11.6)

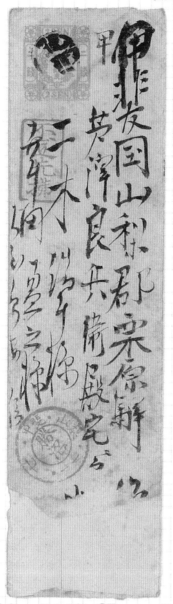 

(80% Reduced)

○Yokohama 11.4 night→○Kanagawa 11.5→○Hachioji 11.6→○Katsunuma, Kai 11.7

The night mail from Yokohama took the silk road via Hachioji to Musashi, Kai or Shinano province.

トピックス：シルクロード便。生糸商人は八王子から「絹の道」を通り横浜へ売り込みに。この手彫封皮
は横浜→神奈川→八王子→勝沼と運ばれた。

Topics

Salvaged from the Tama River

2 Sen Olive (Missing)
(1879.3.11)

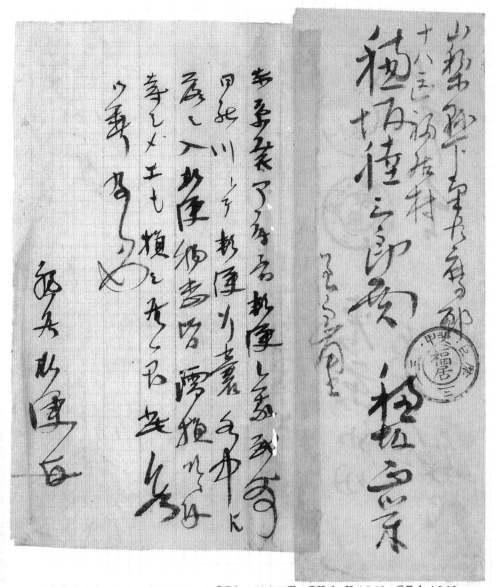

(80% Reduced)

○Tokyo 12.3.11□→○Kofu, Kai 3.13→○Fukui 3.13

Fukui postmaster apologizes to the recipient for damages on the cover from dropping in the water.

トピックス：多摩川に落ちた郵便。この東京発甲府経由カバーは、真夜中の多摩川に行嚢ごと落ち、切手もはがれ、福居局が付箋をつけて配達。

Topics

Official Prepaid Mail

(Years unidentified)

○Postage Paid＋○Itsukaichi 5.15

An official letter between the two village offices in Western Tama county.

トピックス：神奈川県地方郵便。明治14年7月、神奈川県は管内に特別郵便を施行する。村々に函場を設け、毎日集配を行い、公用文書を送達した。

Topics

Another Ogawa P.O.

There were two post offices named Ogawa in Musashi province; one in Tama county, the other in Hiki county.

KG: Ogawa, Hiki, Musashi

1 Sen Postcard
(1884.6.4)

KB2: Ogawa, Musashi

1 Sen Postcard
(1888.2.10)

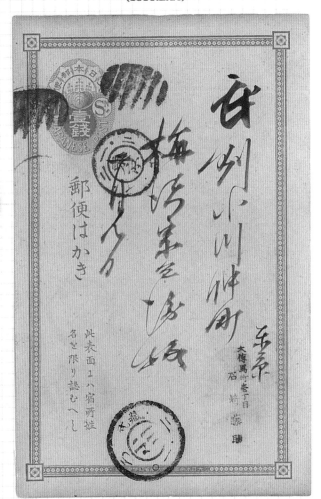

○Tokyo 17.6.3 6th→○Ogawa 6.4

○Tokyo 21.2.9 1st→○Ogawa 2.10 2nd

The two POs can be distinguished by the county.

Only Ogawa of Hiki county used KB2.

トピックス：もう一つの小川局。武蔵国には比企郡にも小川郵便局がある。KB2があるのは、こちらの小川で、北多摩郡のほうはKGだけ。

2. Bisected-circle Datestamp Period, 1888-1909

2.1 Bisected-circle Datestamp

Bisected-circle Datestamp : A new datestamp, adopted nationwide on 1 September 1888, incorporates the province and post office names above the horizontal line and year / month / day / time below the line.

Fuchu, Musashi

Postal Service   □ 2nd

2 Sen Red   イ 1st

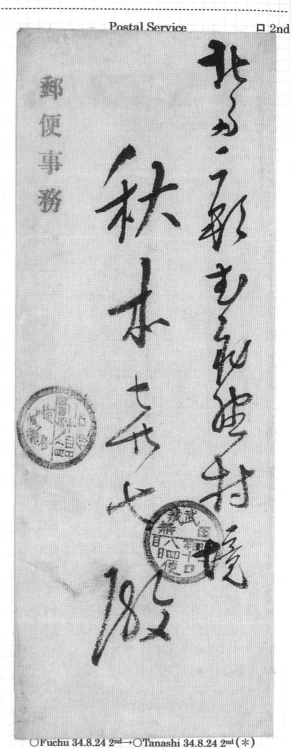

(*)

○Fuchu 29.6.25 1st→○Ueda 29.6.26 2nd   ○Fuchu 34.8.24 2nd→○Tanashi 34.8.24 2nd (*)

(1896.6.25)   (1901.8.24)

明治21年9月改正の丸一印の先頭リーフ。府中のイ便と口便。右は府中郵便電信局差出しの郵便事務。

Fuchu, Musashi

BC

| 3 Sen Maroon | ハ 3rd | 2 Sen Red | ニ 4th |

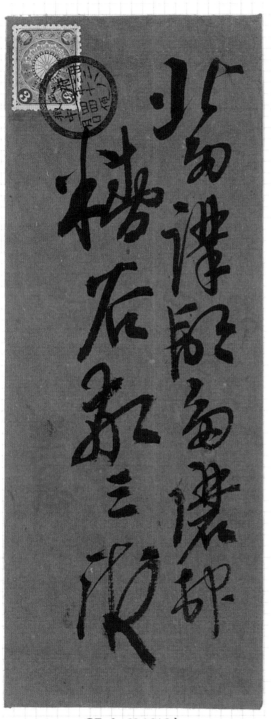

○Fuchu 33.4.24 3rd

(1900.4.24)

○Fuchu 25.12.29 4th→○Okamoto, Omi 25.12.31 1st

Carried by the Tokaido Line fully opened in 1889.

(1892.12.29)

府中のハ便とニ便。右のリーフ 25 と同じ受取人あてカバーは、明治 22 年 7 月全通の東海道線に乗り 2 日目に到着している。

Kamiishihara, Musashi

1 Sen Postcard   二 4th

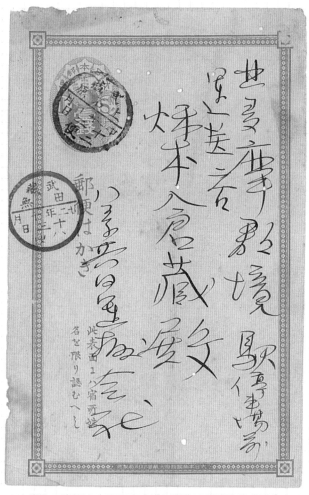

○Kamiishihara 22.10.12 4th→○Tanashi 22.10.13 3rd

(*)

Posted in a Hachioji station mailbox, carried on a Kobu line train to Sakai station, and cancelled at Kamiishihara PO. TPO postmark was not used until Nov.1890.

(1889.10.12)

上石原の二便。甲武鉄道は明治 22 年 8 月に八王子まで開通。同年 10 月に八王子駅前ポストに投函され、誤区分された鉄郵印空白期の郵便物。

BC   Fuda, Musashi

1 Sen Postcard ＋ 5 Rin Slate   ロ 2nd   2 Sen Red   ハ 3rd

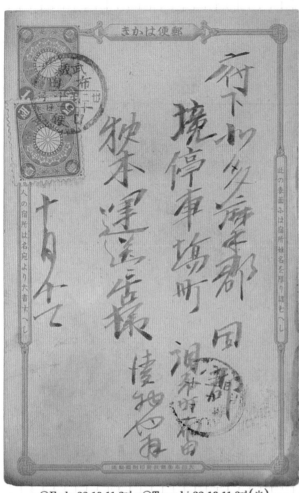

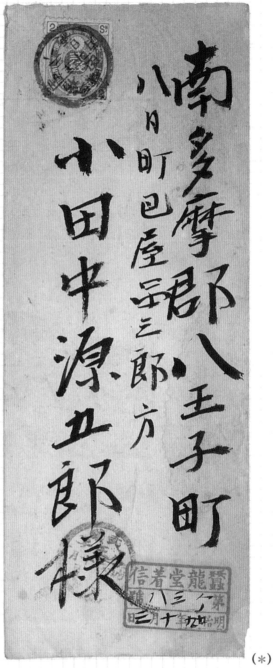

○Fuda 32.10.11 2nd→○Tanashi 32.10.11 3rd（＊）

Postal rates effective on 1899.4.1
    Letter rate.........3 Sen for Inland Mail
    Postcard rate......1.5 Sen for Inland Mail

（＊）

○Fuda 29.10.3 3rd→○Hachioji 29.10.□

(1899.10.11)   (1896.10.3)

49

布田のロ便とハ便。明治 27 年、上布田へ移転改称。

BC   Tanashi, Musashi

| 1 Sen Postcard | イ 1st | 2 Sen Red | ロ 2nd |

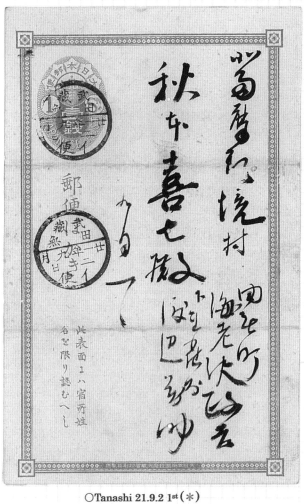

○Tanashi 21.9.2 1st (＊)

○Tanashi 26.4.18 2nd→○Ogawa 26.4.19 2nd

The second day use of the BC datestamp.

(1888.9.2)

On 1893.4.1 three Tama counties were transferred from Kanagawa prefecture to Tokyo metropolis.

(1893.4.18)

田無のイ便とロ便。はがきは丸一印初日の翌日使用、書入れは九月一日とある。カバーは三多摩が東京府に移管された明治26年4月の使用例。

BC

Tanashi, Musashi

2 Sen Red   ハ 3rd   2 Sen Red   ニ 4th

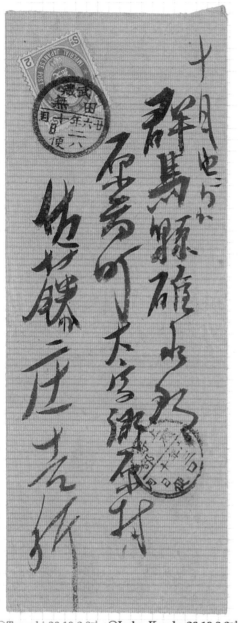

(＊)

○Tanashi 26.10.2 3rd→○Isobe, Kozuke 26.10.3 2nd   ○Tanashi 24.11.19 4th→○Ueda 24.11.21 2nd

(1893.10.2)   (1891.11.19)

田無のハ便とニ便。

BC

Tanashi, Musashi

1 Sen Postcard   ホ 5th

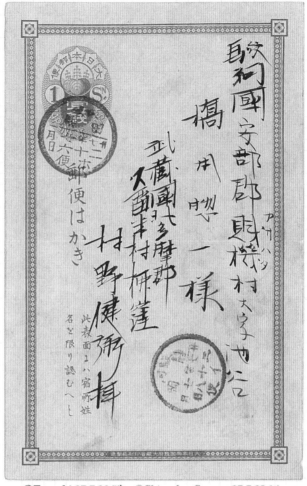

○**Tanashi 27.7.26** 5th→○Shizuoka, Suruga 27.7.28 1st

Posted in a neighboring village.   Tanashi PO collected mails five times a day, that was next to Hachioji.
(1894.7.26)

田無のホ便。田無は八王子につぐ毎日 5 度の集配で、市外の久留米村へは 1 度だけ。差出人の住宅は国登録有形文化財。

BC   Haijima, Musashi

3 Sen Maroon   イ 1st   2 Sen Red   ロ 2nd

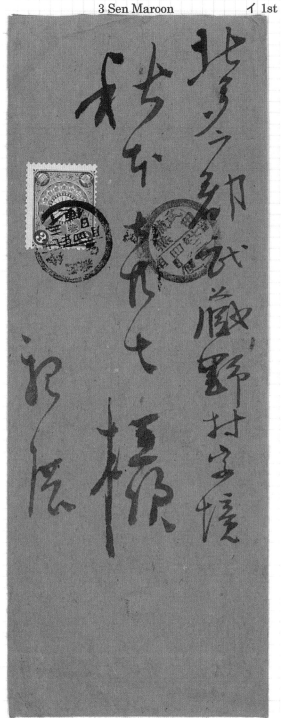

○Haijima 29.11.7 2nd→○Tanashi 29.11.7 4th（＊）

○Haijima 37.4.3 1st→○Tanashi 37.4.3 2nd（＊）

(1904.4.3)   (1896.11.7)

拝島のイ便とロ便。便空は未集。

Haijima, Musashi

BC

3 Sen Commemorative　　ハ 3rd　　　　2 Sen Red　　　ニ 4th

○Haijima 33.5.18 3rd→○Tanashi 33.5.19 1st (＊)

(1900.5.18)

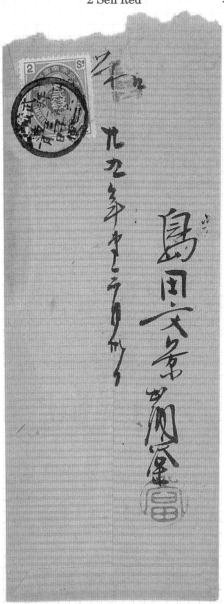

○Haijima 29.3.30 4th→○Ome 29.3.31 2nd

(1896.3.30)

拝島のハ便とニ便。左は東宮御婚儀の発行月使用。

BC

Ogawa, (Northern) Tama, Musashi

2 Sen Red	空 empty	Postal Business	ハ 3rd

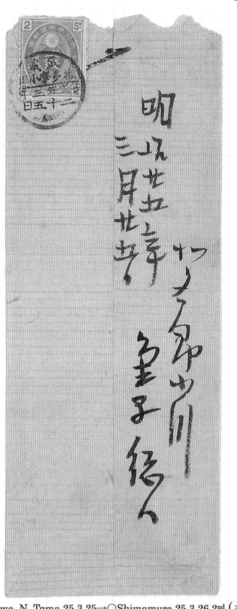

○Ogawa, N. Tama 25.3.25→○Shimamura 25.3.26 2nd（＊）

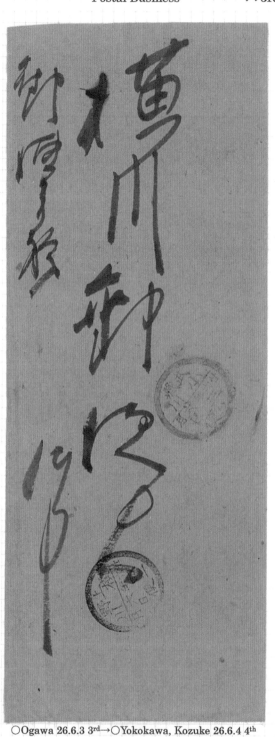

○Ogawa 26.6.3 3rd→○Yokokawa, Kozuke 26.6.4 4th

The county name precedes the PO name. The empty time sequence means one collection a day.
(1892.3.25)

The county name was deleted after Octover 1892. Ogawa PO began parcel post service on June 1893.
(1893.6.3)

55

小川の便空とハ便。便空印は郡名入り（比企郡にも小川あり）。明治25年10月から郡名なし便号印。明治26年6月に小包郵便の取扱い開始。

BC
Kodaira, Musashi

1.5 Sen Postcard　　　　イ 1st　　　　2 Sen Red　　　　ロ 2nd

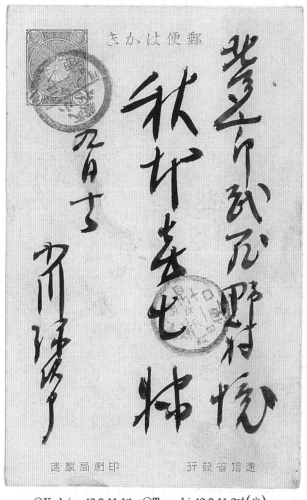

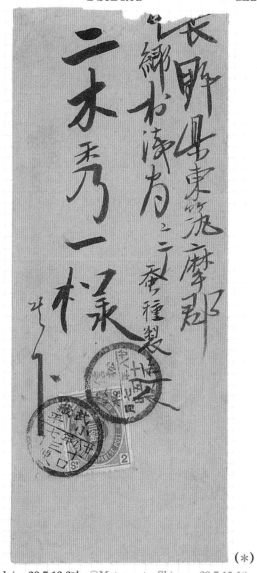

○Kodaira 42.9.11 1st→○Tanashi 42.9.11 2nd (＊)

(＊)

○Kodaira 28.7.13 2nd→○Matsumoto, Shinano 28.7.15 1st

The sender is the previous postmaster of Ogawa.
(1909.9.11)

Mail exchange at Ogawa station began April 1895.
(1895.7.13)

56

小平のイ便とロ便。明治22年の町村合併で小平村が誕生。明治26年7月、小平に改称。明治28年4月より川越鉄道小川駅で郵便受渡し。

Kodaira, Musashi

BC

2 Sen Red   ハ 3rd   2 Sen Red   ニ 4th

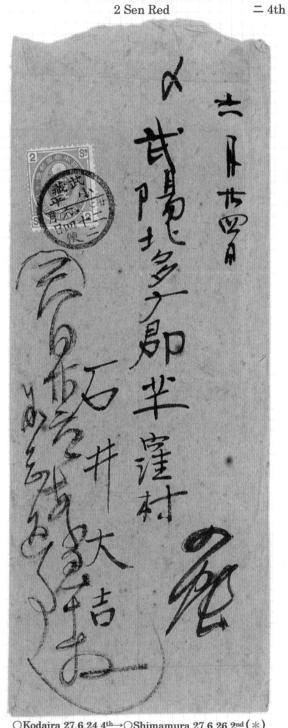

○Kodaira 27.1.2 3rd→○Itsukaichi 27.1.4 3rd

○Kodaira 27.6.24 4th→○Shimamura 27.6.26 2nd (＊)

(1894.1.2)   (1894.6.24)

小平のハ便とニ便。多摩のほとんどの局が4度集配。

Tachikawa, Musashi

BC

3 Sen Maroon　　ロ 2nd　　　　　1.5 Sen Postcard　　ハ 3rd

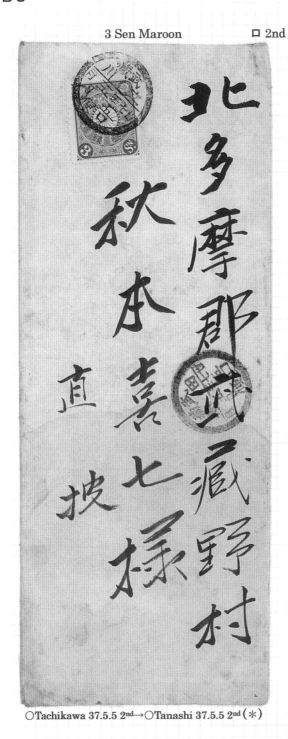

○Tachikawa 37.4.21 3rd→○Hamura 37.4.21 3rd

○Tachikawa 37.5.5 2nd→○Tanashi 37.5.5 2nd（＊）

(1904.5.5)　　　　　　　　　　(1904.4.21)

立川の口便とハ便。明治 35 年 1 月、甲武鉄道から青梅鉄道が分かれる立川に郵便局が開設された。

BC　　　　　　　　　　Ome, Musashi

| 1.5 Sen Postcard | イ 1st | 1.5 Sen Postcard | ロ 2nd |

○Ome 39.5.3 1st→○Tanashi 39.5.3 2nd (＊)　　　　○Ome 42.10.27 2nd→○Tanashi 42.10.27 3rd (＊)

(1906.5.3)　　　　　　　　　　　(1909.10.27)

青梅のイ便とロ便。明治27年11月に青梅鉄道が立川―青梅間で開業。翌月、郵便物の汽車輸送を開始（閉嚢便）。翌年末、日向和田まで開通。

BC

Ome, Musashi

2 Sen Red · ハ 3rd · 2 Sen Red · ニ 4th

○Ome 27.9.22 3rd→○Tokyo Yotsuya 27.9.23 5th

○Ome 29.5.20 4th→○Atami, Izu 29.5.21 4th

Tokyo Yotsuya PO exchanged mails at Shinjuku station until Oct. 1894.

(1894.9.22)

Addressed to a visitor to Atami hot springs.

(1896.5.20)

青梅のハ便とニ便。明治27年10月まで四谷が新宿駅で郵便物の受渡し。左は、その前月下旬の使用例。
右は熱海温泉場の湯治客への手紙。

BC   Itsukaichi, Musashi

2 Sen Red   ハ 3rd   2 Sen Red (Military Mail)   ニ 4th

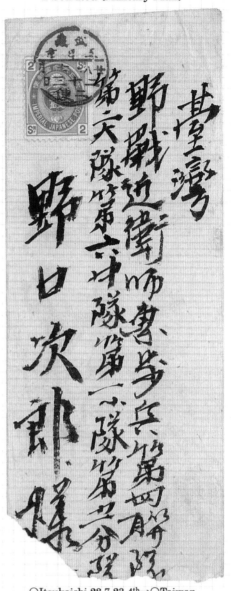

○Itsukaichi 25.7.5 3rd→○Ueda 25.7.7 2nd   ○Itsukaichi 28.7.23 4th→○Taiwan

Japan received Taiwan in April 1895 after the war with China.   The right cover was addressed to a soldier
of the Guards landing the island to suppress the rioting.
(1892.7.5)   (1895.7.23)

五日市のハ便とニ便。明治28年4月、台湾が日本へ割譲、5月に台湾島民の反乱、日本軍が台湾北部に上陸。
右は7月の台湾出征兵士あてカバー。

BC

Hikawa, Musashi

2 Sen Red　　　　空 empty　　　　1 Sen Postcard　　　口 2nd

(∗)

○Hikawa 24.10.5→○Ome 24.10.5 2nd
→○Fuchu　24.10.6 2nd

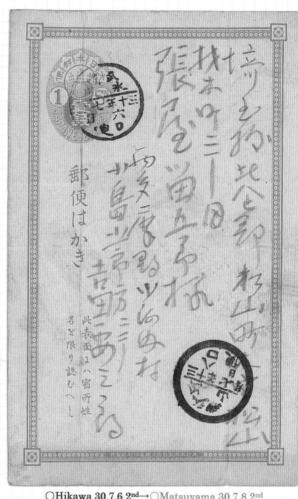

○Hikawa 30.7.6 2nd→○Matsuyama 30.7.8 2nd

Hikawa was a once collection PO in 1888.
(189110.5)

Collection increased later to twice a day.
(1897.7.6)

62

氷川の便空と口便。明治 24 年 10 月、集配等級規定の改定により、市内集配一度の局はなくなる。氷川は唯一の 2 便集配局。

B C

Hamura, Musashi

| 1 Sen Postcard | イ 1st | 1.5 Sen Postcard | ロ 2nd |

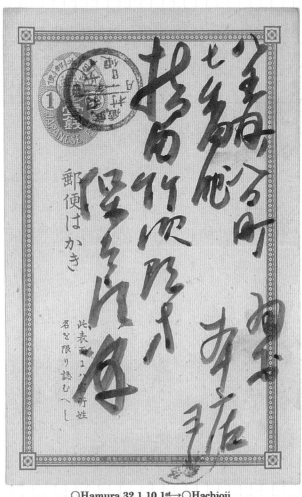

○Hamura 32.1.10 1st→○Hachioji

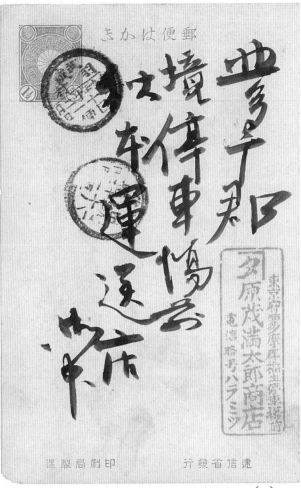

○Hamura 39.12.21 2nd→○Tanashi 39.12.21 3rd（＊）

(1899.1.10)

(1906.12.21)

羽村のイ便とロ便。明治29年11月、青梅鉄道沿線の羽村に郵便局が開設される。

BC

Hamura, Musashi

2 Sen Red　　ハ 3rd　　　　1.5 Sen Postcard　　ニ 4th

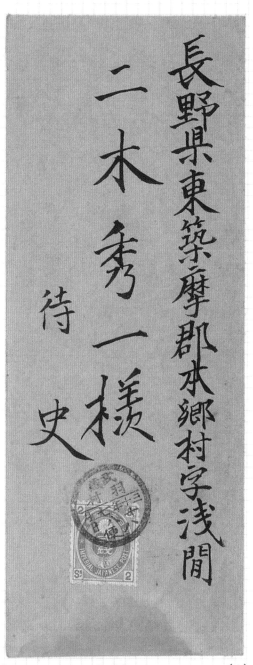

○Hamura 30.7.18 3rd→○Matsumoto 30.7.21 1st (＊)

(1897.7.18)

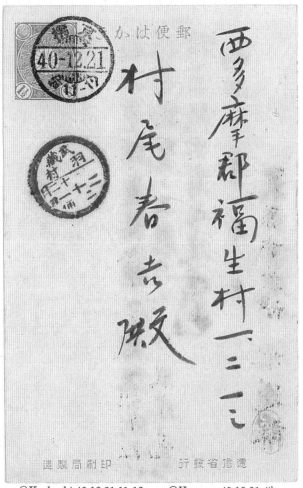

○Kyobashi 40.12.21 11-12am→○Hamura 40.12.21 4th

Tokyo city post offices used a Comb datestamp after 1906.

(1907.12.21)

羽村のハ便とニ便。

Hinohara, Musashi

1.5 Sen Postcard ロ 2nd

1.5 Sen Postcard ハ 3rd

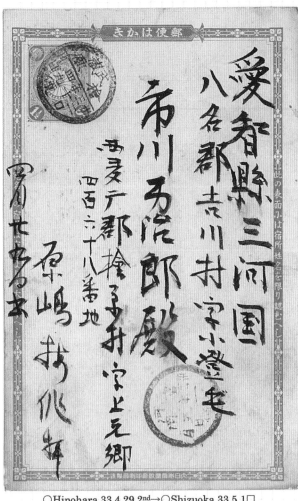

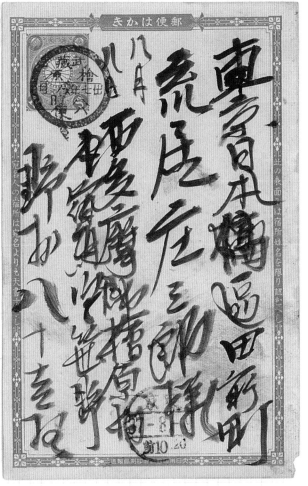

○Hinohara 33.4.29 2nd→○Shizuoka 33.5.1□

○Hinohara 37.8.8 3rd→○Tokyo 37.8.9 10.20am

The next month use of new Hinohara PO.

(1900.4.29)

Tokyo PO used a Trisected−circle datestamp in 1904−1905.

(1904.8.)

65

檜原のロ便とハ便。左は開局翌月の使用例。

BC

Sawai, Musashi

| 1.5 Sen Return Postcard | ハ 3rd | 1.5 Sen Postcard (Military Mail) | ニ 4th |

○Sawai 35.6.28 3rd→○Ueda 35.6.30 5th（＊）

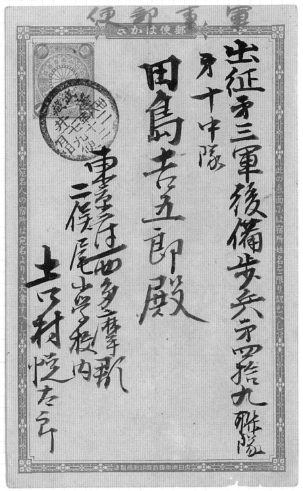

○Sawai 38.7.29 4th→○China

The third month use of Sawai PO.
(1902.6.28)

Addressed to a soldier for Russo-Japanese war.
(1905.7.29)

澤井のハ便とニ便。左は開局３か月後の使用例。右は日露戦争の出征兵士あて。

BC   Hachioji, Musashi

1 Sen Return Postcard   イ 1st   2 Sen Red   ロ 2nd

○Hachioji 23.11.1 1st→○Tokyo 23.11.1 5th

○Hachioji 24.11.23 2nd→○Beisanji, Echigo 24.11.25 3rd

The Kobu Railroad reached Hachioji on Aug. 1889.
(1890.11.1)

(1891.11.23)

八王子のイ便とロ便。

BC

Hachioji, Musashi

2 Sen Commemorative＋1 Sen　ハ 3rd

2 Sen Red　ニ 4th

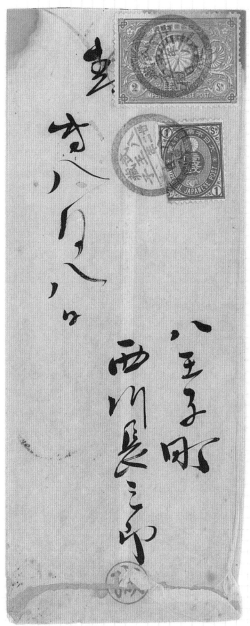

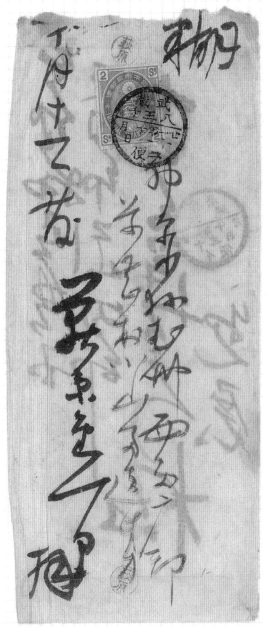

○Hachioji 32.8.8 3rd→○Uenohara, Kai 32.8.9 1st

○Hachioji 21.10.11 4th→○Sakaki, Echigo 21.10.13 1st

(1899.8.8)

(1888.10.11)

68

八王子のハ便とニ便。

Hachioji, Musashi

B C

1 Sen Brown×3　　　　ホ 5th　　　　2 Sen Red　　　　ヘ 6th

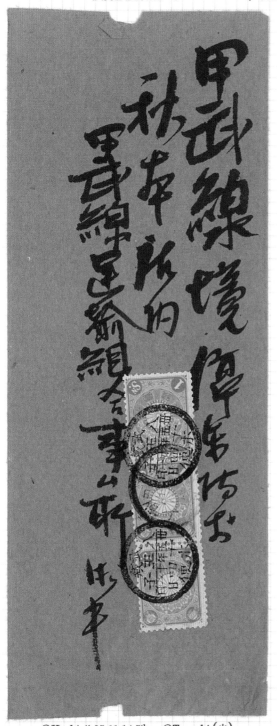

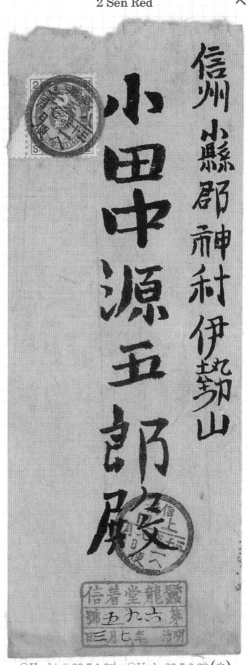

○Hachioji 35.11.14 5th →○Tanashi（＊）

○Hachioji 30.7.1 3rd→○Ueda 30.7.2 6th（＊）

Hachioji PO practiced a six-time collection.

(1902.11.14)　　　　　　　(1897.7.1)

69

八王子のホ便とヘ便。八王子は最多の 6 便集配。最近、7 便目のト便が発見された。

BC

Hino, Musashi

2 Sen Red   ロ 2nd   2 Sen Red   ハ 3rd

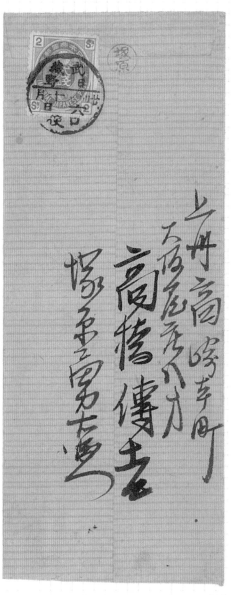

○Hino 24.10.6 2nd →○Hachioji 24.10.6 4th（＊）

○Hino 29.9.13 3rd→○Matsuda, Awa 29.9.14 2nd

(1891.10.6)   (1896.9.13)

70

日野のロ便とハ便。

BC

Haramachida, Musashi

| 2 Sen Red | 空 empty | 1 Sen Postcard | ハ 3rd |

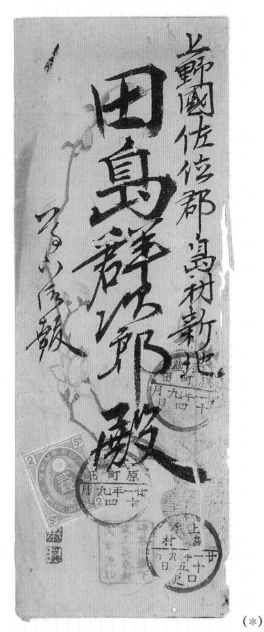

(*)

○Haramachida 21.9.14→○Shimamura 21.9.15 2nd

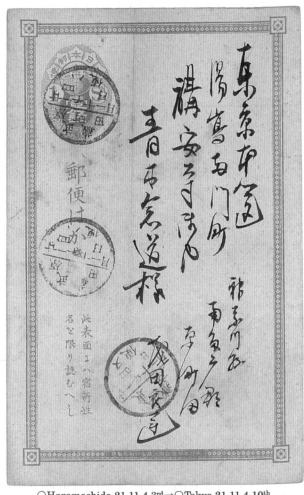

○Haramachida 21.11.4 3rd→○Tokyo 21.11.4 10th

The empty BC was used in the first two months. (1888.9.14)

A very early usage of BC with a collection sequence. (1888.11.4)

原町田の便空とハ便。便空印の初期使用と便号印の初期使用。原町田の便空印使用は2か月。

BC

Machida, Musashi

1.5 Sen Postcard   ロ 2nd   1.5 Sen Return Postcard   ハ 3rd

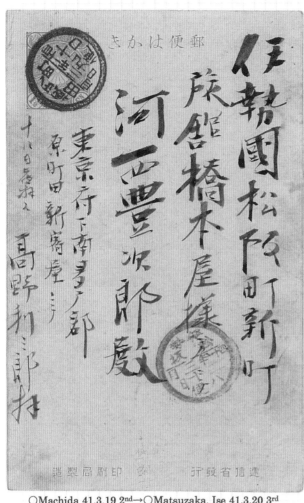 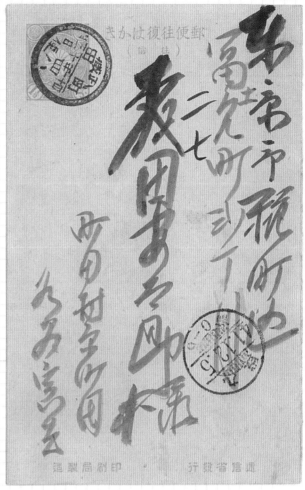

○Machida 41.3.19 2nd→○Matsuzaka, Ise 41.3.20 3rd   ○Machida 41.12.4 3rd →○Tokyo Kudan 41.12.5 0-5am

Sent to Hachioji by a carrier.   Sent to Hachioji by rail opened on September 1908.
(1908.3.19)   (1908.12.4)

町田のロ便とハ便。明治 23 年 4 月、新村名に改称。左は八王子まで脚夫便、右は明治 41 年 9 月開業の
横浜鉄道便（閉嚢便）。

ロ 2nd
ハ 3rd
BC

Onoji, Musashi

1.5 Sen Postcard   ロ 2nd   3 Sen Maroon   ハ 3rd

○Onoji 35.6.29 2nd→○Ueda 35.6.30 6th (＊)

○Onoji 36.12.19 3rd→○Nakano, Sagami 36.12.20 3rd

Onoji PO reopened in 1902.
(1902.6.29)

(1903.12.19)

73

小野路のロ便とハ便。明治35年1月、鶴川村小野路に集配局が復活した。

BC

Ongata, Musashi

3 Sen Maroon (Military Mail)　イ 1st　　　　1.5 Sen Return Postcard　ハ 3rd

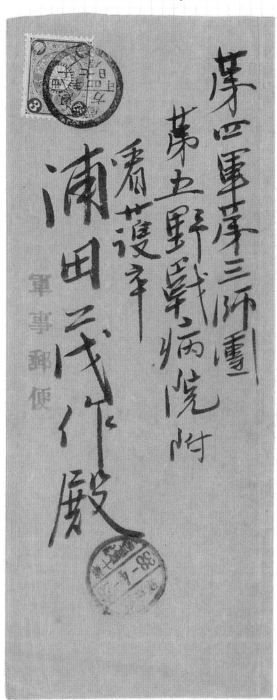

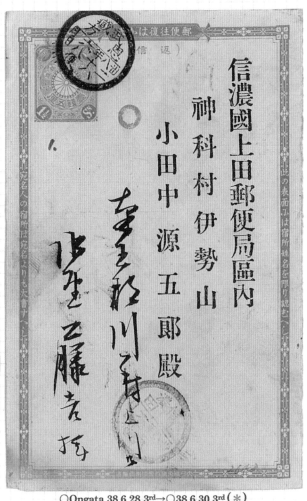

○Ongata 38.6.28 3rd→○38.6.30 3rd(＊)

○Ongata 38.4.17 1st →○No.10 Field PO,
The 4th Army 38.4.28

Addressed to a soldier for Russo-Japanese war.
(1905.4.17)　　　　　　　　　　　　(1905.6.28)

74

恩方のイ便とハ便。カバーは日露戦争出征兵士あての軍事郵便。第四軍第十野戦局の到着印。

BC   Asakawa, Musashi

1.5 Sen Return Postcard   □ 2nd   1.5 Sen Purple   ハ 3rd

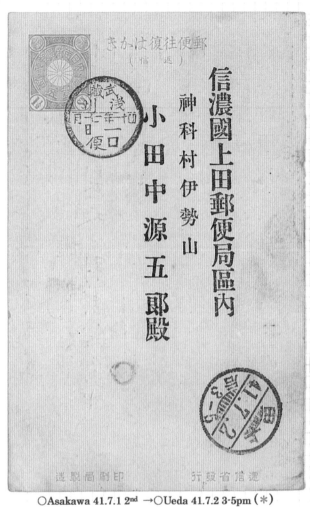

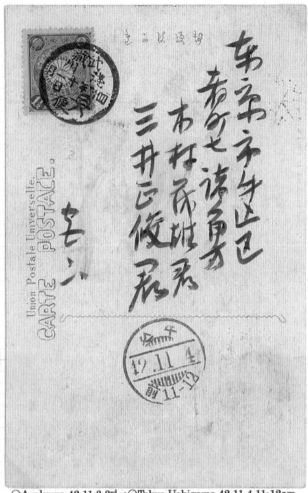

○Asakawa 41.7.1 2nd →○Ueda 41.7.2 3-5pm（＊）   ○Asakawa 42.11.3 3rd→○Tokyo Ushigome 42.11.4 11-12am.

Asakawa is the last opened PO in the Meiji era.   The BC datestamp was used until the end of 1909.
(1908.7.1)   (1909.11.3)

浅川の口便とハ便。浅川は明治 41 年 3 月に集配を開始した 3 便局。右は高尾山薬王院の絵葉書。

2.2 Bisected-circle Railway Datestamp

Bisected-circle Railway Datestamp: A railway datestamp was first introduced on Tokyo-Hachioji line in 1890, and secondly on Kokubunji-Kawagoe line in 1895.

Tokyo－Hachioji Line

| 2 Sen Red | 上リ一便 Up1 | | 1 Sen Postcard | 上リ三便 Up3 |

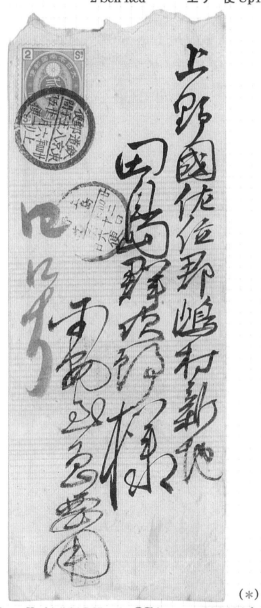

○Tokyo－Hachioji 27.11.11 up3
→○Tokyo Yotsuya 27.11.11 9th

(*)

○Tokyo－Hachioji 24 7.25 up1→○**Shimamura 24.6.26 2ⁿᵈ**

Twice a day service went on the first three years.

(1891.6.25)

Triple service began 1892, and the line extended to Ushigome on Oct. 1894.

(1894.11.11)

明治 23 年 11 月使用開始の東京八王子間上り一便と上り三便。はじめの 3 年間は上下 2 便、のち上下 3 便。
明治 27 年 10 月、新宿－牛込間開通（四谷局）。

T P O   Kawagoe－Kokubunji Line／Kokubunji－Kawagoe Line

1 Sen Postcard   上リ三便 Up3   1.5 Sen Postcard   上リ二便 Up2

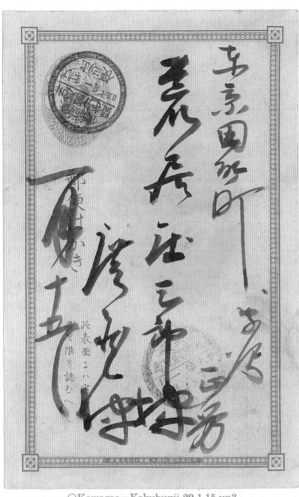

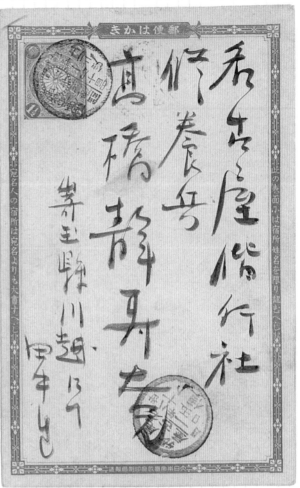

○Kawagoe－Kokubunji 29.1.15 up3
→○Tokyo Iidamachi 29.1.16 1st

○Kokubunji－Kawagoe 38.1.14 up2
→○**Nagoya** 38.1.15 7th

The Kobu line extended to Iidamachi on April 1895.
(1896.1.15)

The postal line name was corrected in 1896.
(1905.1.14)

明治 28 年 4 月使用開始の川越国分寺間上り三便と明治 29 年中に訂正の国分寺川越間上り二便。明治 28
年 4 月、牛込－飯田町間開通（飯田町局）。

Topics

Another Ogawa P.O.

BC: Ogawa,Hiki,Musashi

Postal Savings Business
(1889.1.30)

BC: Ogawa,Musashi

2 Sen Red
(1897.7.5)

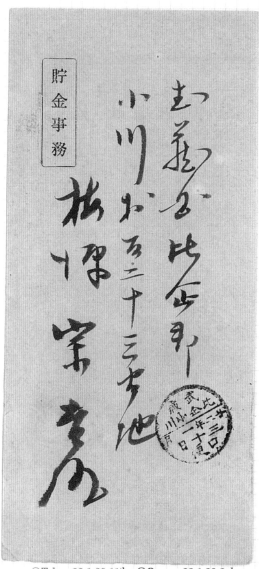

○Tokyo 22.1.29 11th→○Ogawa 22.1.30 2nd

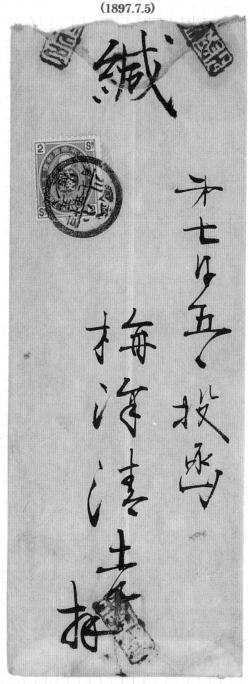

○Ogawa 30.7.5 3rd→○Kusatsu, Kozuke 30.7.6 4th

The two Ogawa can be distinguished by the county.　　Ogawa, Hiki used a BC with no county from 1893.

トピックス：もう一つの小川局。比企郡小川の郡名入り貯金通知書と郡名なし丸一印カバー。後者は多摩郡小川が明治26年に小平に改称してから。

Topics

Mailbox Chops

A numerical chop was hung in every mailbox to be stamped on the collection book by mailman after 1881.

No.15

1 Sen Postcard
(1891.4.9)

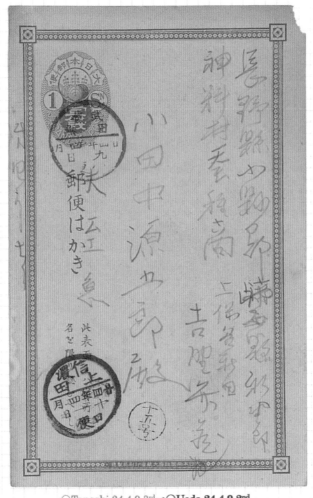

○Tanashi 24.4.9 3rd→○Ueda 24.4.9 2nd

(∗)

Accidentally stamped chop on the postcard.   Sixteen mailboxes were installed in Tanashi postal area.

トピックス：開函証印。田無郵便区には函場が 16 あり、これは 15 番ポストからの取集め。保谷村上保谷新田の住人が近くの田無村のポストに投函。

Topics

Unpaid TPO Cover

This cover was posted in the mailbox in front of a station with no postage stamps on it.

(1903.10.18)

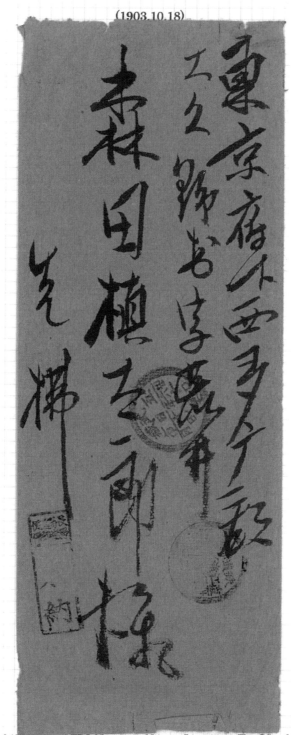

□Nagano PO clerk/ Unpaid +○TPO Naoetsu—Niigata Line 36.10.□→○Itsukaichi 36.10.18 2nd

It seems strange that Itsukaichi PO did not put postage due stamps of double the deficient on this cover.

トピックス：未納鉄郵カバー。直江津新潟間の鉄郵印と□長野鉄道郵便係員／未納の印。なぜか五日市は封筒に未納切手を貼らなかった。

【史料紹介】

青梅郵便局と横川貞八

近辻 喜一
（本会会員・田無地方史研究会）

　全国の自治体史で地域の郵便の実態にせまる記述はきわめて少ない。わが多摩地域においても、合格点をつけられるのは八王子市史と青梅市史くらいであり、いずれも郵便局長を勤められた家に残る史料のおかげである。

　明治4年3月1日に東海道筋において郵便が試行され、わが国の郵便は創業されたが、翌5年7月1日には郵便が全国（北海道後志国・胆振国以北を除く）で実施された。

　この全国郵便の開始にあわせ、青梅上町359番地（横川貞八宅）に青梅郵便取扱所が開設された。青梅街道と横川横丁（いまの小曽木街道）の角、現在の津田商店のところです。初代郵便取扱役は丸山安兵衛で、明治7年4月には横川貞八が二代目取扱役に就任する。横川局長は明治24年まで勤務され、創業期の青梅の郵便を支えた恩人といえます。

　本誌に挟み込んだカラーページをご覧ください。これは、明治6年12月1日に発行された日本最初の郵便はがきで、オーストリアで世界最初のはがきが発行されてから、わずか4年後のことです。形状は今日の往復はがきのような二つ折りで、普通はがきとしては世界にあまり例がありません。これは当時、厚手洋紙の製造技術を持たなかったため、輸入品の薄手洋紙を折り重ねて強度を増そうとしたためです。

　宛名を記す第1面には、料額印面と紅色の枠が印刷され、郵趣家は「紅枠はがき」と呼んで珍重しています。料額は半銭（同一市内あて）と1銭（全国の市町村あて）の2種類で、印面図案は当時発行されていた普通切手と同じです。この紅枠はがきは、東京でのみ販売されました。

　この紅枠1銭はがきの消印は、分銅型の青色印で「尺雪校」と読めます（尺雪は横川局長の俳号）。その下の朱印「武州青梅駅郵便検査印」は、このはがきを青梅郵便取扱所が引き受けたことを証します。これらの印は、各地の郵便取扱役が個々に作製したので不統一印と呼ばれ、郵趣家に抜群の人気があります。

　さらに、朱と黒の二重丸型印は、このはがきが7月29日に八王子郵便役所を経由し、明治7年7月30日の朝に東京郵便役所から配達されたことを示しています。当時は、すべての郵便物に配達局の消印が押され、利用者に途中で遅延のなかったことを証明しました。

　まず、第1面の宛名を読んでみます。東京の自宅へ宛てたものです。

「東京八丁堀／北島町二丁め三十七番地／秋山光條宅へ／平安」

　第3面に書かれた通信文を、読みやすいように、句読点をほどこして紹介します。

「御両親様御機嫌能、一同無異目出度奉存候。然ハ廿六日高月出立、青梅へ着。猶左之通巡回致候間、急用之節は其割合ニ而御書状御出し可被下候。

廿七日廿八日青梅千ヶ崎宗建寺、廿九日三十日田無宿在野中新田円成寺、三十一日八月一日府中六所神社猿渡氏、二日三日府中在小山田村大仙寺、四日五日八王寺上ノ原金剛院、六日七日　　　　　、八日九日長津田宿大山街道大林寺、十日横浜。

右之通候事。

オ2銭＋黒1銭（持込）

（裏面コピー）

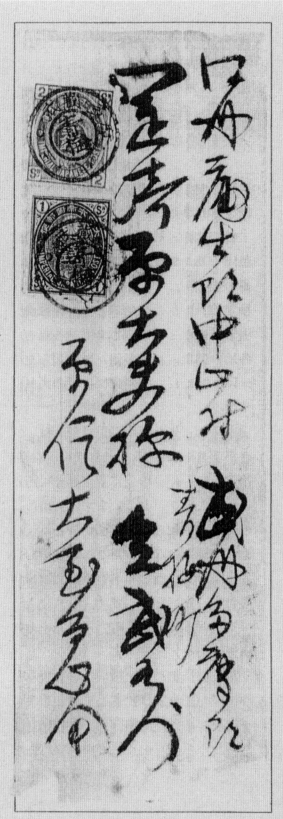

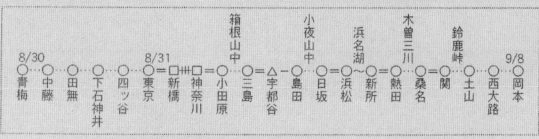

図16　逓送経路（○郵便局 □停車場 △地名）と逓送手段（‥脚夫 ‐人力車 ＝馬車 ⊞汽車 ～汽船）

一風呂之儀ハ小平次方出入、深川海辺大工町明石屋ト申竈大工へ申付置候由。委細承諾致居候由。序之節亀吉を以御申付可被下候。」

なお、第4面に「七月廿七日青梅旅宿坂上寮」とありますので、坂上旅館でこのはがきを認め、翌日になって上町の郵便取扱所へ差出したのでしょう。秋山さんは、東京で買った紅枠1銭はがきを何枚か持参していました。封書だと倍の2銭かかりますし、封筒や紙も必要です。横川局長は、はがきの新発行については見本を添えた駅逓寮達で承知していましたが、実際に郵便物として引き受けたのははじめてでした。

さて、このアルバムリーフは英文で説明が書かれています。今年8月にタイで開かれた国際切手展で大銀賞を獲得した、明治前期における多摩地域の郵便印コレクション（全80リーフ）の一枚なのです。日本でも春と秋の二回、全国切手展が開催されています。

もう一枚のカラーページは、横川氏自身が神奈川県の岩村書記にあてた封筒です。横浜の配達印から、明治7年12月14日に書かれた手紙だとわかります。封筒の裏に貼られた1銭切手2枚をイ一〇五号の記番印で消しています。イは武蔵国をあらわし、一〇五号が青梅に割り当てられた局番号です。この記番印は全国の郵便局に配給された抹消専用印で、明治7年12月1日から使用されました。そこで、この封筒は多摩地域における記番印の比較的初期の使用例になります。

上下の封じ目に押された「第十三大区郵便」と「武野之西・玉川之北・青梅」の朱印は不統一印で、とくに後者は局の位置を文学的に表現した印として全国的に有名です。まさに、文人局長の面目躍如たるものがあります。この郵便物は、八王子・神奈川を経て横浜に到着したもので、日本のシルクロード便といえます。

3番目のカバーをモノクロでお目にかけます。明治11年8月に青梅町の岡崎武右衛門が近江国蒲生郡の本家に出したものです。封筒には2銭切手と1銭切手が貼られています。あて先の中山村は岡本郵便局の集配区域ですが、市外のため1銭の持込料が必要でした。岡本局の到着印はありませんが、裏面にある受取人の書入れで9月8日に配達されたことがわかります。青梅局の受付は8月30日でした。岡本から在村への配達は幸便によりますから、即日配達とはなりません。

青梅町498番地の岡崎武右衛門は江戸時代よりの地酒屋で、現在も同じ場所で LIQUOR STATION OKAZAKI を営んでいます。のちに武右衛門は中武馬車鉄道の社長に就任し、店の横に「此処に駅ありき（中武馬車鉄道森下駅跡）」の石碑が建っています。

明治期における多摩地域の郵便について、くわしくは『郵便史研究』第17号（2004）所収の拙稿「多摩の郵便」を参照してください。

P.84-86に転載した本資料（青梅郵便局と横川貞八）は、「多摩地域史研究会会報」第123号に、著者が寄稿した記事を多摩地域史研究会の許諾を得て、再掲するものです。